中国财富出版社

图书在版编目（CIP）数据

疗愈／杨安著．—北京：中国财富出版社，2014. 11

ISBN 978－7－5047－5430－1

Ⅰ. ①疗…　Ⅱ. ①杨…　Ⅲ. ①人生哲学—通俗读物　Ⅳ. ①B821－49

中国版本图书馆 CIP 数据核字（2014）第 248521 号

策划编辑　丰　虹　　　**责任印制**　方朋远
责任编辑　丰　虹　　　**责任校对**　杨小静

出版发行　中国财富出版社
社　　址　北京市丰台区南四环西路 188 号 5 区 20 楼　　**邮政编码**　100070
电　　话　010－52227568（发行部）　010－52227588 转 307（总编室）
　　　　　　010－68589540（读者服务部）　010－52227588 转 305（质检部）
网　　址　http://www. cfpress. com. cn
经　　销　新华书店
印　　刷　北京京都六环印刷厂
书　　号　ISBN 978－7－5047－5430－1/B·0412
开　　本　710mm×1000mm　1/16　　**版　　次**　2014 年 11 月第 1 版
印　　张　14　　**印　　次**　2014 年 11 月第 1 次印刷
字　　数　194 千字　　**定　　价**　32. 00 元

前　言

当我们的身体有了不舒适感，很容易就能感觉到，这时我们可以通过吃药、打针等方式将其治愈。然而，如果我们的心灵有了不舒适感，却很难察觉，更不知道怎样给它更好的安慰。

虽然心灵属于自我，但自我却往往不能完全接纳心灵，许多人正徘徊于自我与心灵之间的这一无人地带。当我们试图从外界寻找慰藉时会发现，绿洲在缩小、高山在变低、白云在飘走。只有从自我的内在发掘真实的过去和自我，才能发现更可爱的现实。

过去各种不愉快的遭遇，会在心中留下或深或浅的划痕。我们总认为，是这些痕迹让我们陷入无法自拔的境地。事实上，并不是内心创伤使我们沦为“负面特性”的牺牲品，而是我们对伤害的判断导致了负面性。当我们在自己的心目中是一个情绪低落或失败的人时，我们是否看到了需要我们去护理和照顾的内在创伤？

用接纳的态度对待自己，才是对自己最大的负责。从对自我的关注过渡到对心灵的关注，需要能够和自己共处。你愿意了解自己的内心痛苦，接受它，理解它的起源，并允许它陪伴在你身边吗？

有一些情绪，你认为自己早就摆脱它们了，可它们却在你意想不到的时候出现。那些让你憎恨的东西，一旦触碰，还是会让你生气，引起不安全感、懒惰、急躁等情绪。现在，试着去理解这些特点或脾性背后的真正动机。是什么迫使你一次又一次地感觉或做这些事？在这些动机背后，你又在恐惧什么？

当你能够察觉到，恐惧的核心是以自我为中心的意识的外在表现形式，你就已经接触到了心灵的真实。不管我们的外在行为应该受到怎样的谴责，如果你能认识到行为之下的疼痛、孤独和需要保护，你就已经接触到了那些负面行为的灵魂。

不管是他人还是自己，时常因为内心的恐惧而表现出侵略、上瘾、奉承、虚荣……如果我们对这些基于恐惧的行为进行评判，你的内心将越来越冰冷。当我们将有些行为判断为“坏”“有罪”或“愚笨”，对人对事就会态度严苛。这种心态，让你的表情严肃、双眼冷漠。

我们为什么要对自己的行为和身边的事物进行评判？将它们严格用正确、错误，接纳、排斥区分开来？在这些评判之下，是怎样的恐惧？我们害怕面对深藏于内心的过去的黑暗。从本质上说，就是害怕生命——自己的和他人的。

一旦你意识到自己和他人心中的那种潜藏在灵魂中的恐惧，就能走向内心的强大成熟。你可以宽容地看待他人，也能坦然地接纳自己。你不再陷入冲突和纠结，不再排斥和愤怒，并且可以对自己说：“对不起，过去我一直没有关注到你的需求。现在我知道了，你很害怕，我会帮助你，让我们一起走下去吧！”

在这个过程中，你将变得宽容而有爱。随着自我意识的恢复，你会想建立一种全新的看待事物的方式。所有的看法在你的描述中将更倾向于中性，这意味着你只记下“那是什么”，而不是“应该是什么”，也不是“那不是什么”。

当你能够认清过去的自己、现存的自己，通过透彻地观察能明了自身的因果，能找到恐惧的根源，就能通过自己看到一个透明的世界。不管那是怎样的视角，都意味着你可以放开心灵、放飞自由。

杨　安

2014 年 6 月

目　录

第一章　人生，不是带着忧伤前行的旅程 …… 1
人人都有着不可避免的心理问题 …… 3
那些看不见的身心健康“杀手” …… 6
烦恼、困惑的原因皆在自我 …… 10
种子生现行，现行熏种子 …… 12
疗愈，是自我心灵的保养 …… 16
记住，人生不是带着忧伤前行的旅程 …… 19

第二章　你就是一切，接受自我就是接受快乐 …… 25
完美只是种奢望，缺憾才是真人生 …… 27
接受自我，才能接纳一切 …… 30
静下心来，认真品读自我 …… 33
为什么要同他人“比较” …… 36
不要为一些不可能改变的事而抱怨 …… 40
活得真实，就是最大的幸福 …… 44

第三章　且思且行，在学习与自我接纳中慢慢成长 …… 49
发现存在于内心深处的敌人 …… 51
真的能改变感知的一切吗 …… 54
生命的过程，即学习的过程 …… 57

"自我"与"自己" …… 60
发现真心快乐的自己 …… 63
朝着自我人生价值的方向前行 …… 67

第四章　莫让昨日的不幸照进今日的时空 …… 73
哪里的天空不下雨，谁的人生没有过痛苦 …… 75
活在过去还是拥抱未来 …… 78
别说：如果能够重来 …… 82
幸运的人永远幸运，不幸运的人永远不幸 …… 86
人生最大的伤害，在于为昨天叹息 …… 89
活在当下，才能治愈记忆的伤痛 …… 92

第五章　向内生长，找到真正属于你的自己 …… 97
外在呈现的一切都是内在的写照 …… 99
你所认为的幸福与快乐 …… 103
活给别人看还是活出真正的自我 …… 106
幸福，不是财富的累积 …… 109
心灵越纯净才会越坚强 …… 113
找到自己，才能找到真正生命的意义 …… 116

第六章　坦然接受变化，变化的本质是为了不变 …… 121
刻舟求剑不仅仅只是个寓言 …… 123
太过于在意以往，只能活在旧日 …… 126
别让过去的不如意在今天发酵 …… 130
换一种思维，感谢曾经的快乐与不快乐 …… 134

越想控制就会越容易被控制 …… 138
寻求内心世界与外在世界的平衡 …… 141

第七章 摆脱负罪感，心怀感恩度过每一分钟 …… 147
错过是另一种收获 …… 149
心中的负罪感从何而来 …… 153
放下负罪心理，用爱抚平心灵的创伤 …… 156
做好能做的事，不是做好想做的事 …… 160
心怀大爱，就是对自我心灵最大的救赎 …… 163
有所为有所不为 …… 167

第八章 与过去握手言和，方能书写绚丽未来 …… 171
有些事你是永远无法逃避的 …… 173
认清背负的记忆 …… 177
用未来的美好冲淡旧日的忧伤 …… 181
感谢曾经的一切 …… 184
没有可以删减的人生 …… 188
一定要相信明天会更好 …… 192

第九章 学会放松、冥想，你就是心灵疗愈师 …… 197
激发想象力，温暖曾经失落的心 …… 199
放不下，你就活得不开心 …… 202
学会冥想，让痛苦的事走出记忆 …… 206
放下自我，畅游在本我的真实世界 …… 209
改变内心的体验等于改变世界 …… 212

第一章

人生，不是带着忧伤前行的旅程

每当晌午的阳光洒向窗前的青丝和脸庞，感受那份宁静的同时，仿佛也触动了时光的波纹。就像那句广告语说的，“停下来，享受美丽”。停下来，是否就能享受到美丽？我们像一条航行了太久的航船，船舷斑驳，泥沙淤塞。那些愤怒的、忧伤的、遗憾的过往，我们能听懂它们留给我们的声音吗？

人人都有着不可避免的心理问题

杨安疗愈　人生中遇到的问题会给我们带来困扰，也会给我们带来挑战。如果处理不好，或是沉溺其中，将严重降低我们的生活质量。不要再暗自慨叹，不要再黯然神伤，我们属于自己，其实，每个人都有能力解决自己的问题。

就像月有阴晴圆缺，任何人的心理都不会始终处于一种平和状态，我们毕竟不是生活在美梦之中，因此或多或少、或轻或重都会有些心理问题。当来自社会各方面的压力和挑战影响我们的情绪时，我们都会自我调节和宣泄，以保证我们的生理和心理的健康。当压力因为某种原因无法得到疏导和排解后，就会积郁在心里造成心理问题。

有些人对“心理问题”这个词比较敏感。实际上，心理问题有程度的差别，心理问题和心理疾病并不能画等号。在心理问题中，程度由轻到重可以划分为“心理烦恼”“心理困扰”“心理障碍”和“心理疾病”。

心理烦恼，是指在外界强烈刺激的作用下，个体出现暂时的情绪烦恼。主体对自己的情绪可以清晰识别并能适当地自我调节或求助于他人。心理烦恼一般不会持续影响自己很久，也不会给他人带来烦恼。比如：和同事发生误会，产生了心理烦恼，随着自我情绪调节或者相互间良好沟通，误会消除，心理烦恼也随之消除。

心理困扰，是指在轻微程度的个性缺陷，以及心理烦恼等因素的作用下，当个体面临挫折境遇时，出现难以摆脱的负向情绪和认知等问题，身边的人也许能发现，但是发现了只有部分理解。比如：看到别人拥有了某些东西，自己难免紧张和焦虑，不能安心工作，出现胃痛、失眠等一系列的生理症状。虽然明明知道自己是为什么焦虑，但是却无法摆脱。

心理障碍，是指由于个体存在明显的个性偏差，伴随一些轻度的心理刺激因素，出现持久的、较大范围的情绪障碍，自己只能部分识别但是无法摆脱，身边人会发现异样但是难以理解。比如：强迫行为症患者要求自己房间的一切必须高度整洁，连零食都得分成“罐头类”“膨化食品类”“奶制品类”“糖果类”摆放；或者强迫自己洗手，结果将手洗肿了都无法停止。对于这种心理障碍患者，普通人难以提供帮助，需要专科医院的心理医生对其进行治疗。

心理疾病，就是我们常说的“精神疾病”，如精神分裂等，是心理问题最严重的一种。此时病人会出现意识障碍、缺乏自知力，社会功能严重受损等症状。比如：蜡样僵曲的病人（空心枕头）、被害妄想的病人（看到别人走近自己，就觉得这个人是某些外星系的人派来暗杀他的，表现得非常恐惧和害怕）。再比如认知错位，将自己当成蘑菇的精神病患者。

每个人都可能遇到各种各样的心理困惑、心理困扰，这是非常自然的现象。我们要做的，就是在问题没有扩大化之前，认识到问题的存在，让问题得到妥善的解决。这也是爱自己的一种必要的方式，它能够让人生恢复快乐、安宁，真正享受生命的旅程。

著名心理学家荣格曾经说过一句话："人需要困扰，困扰是心理健康的必需之物。"

虽然困扰让我们感到很不舒服，还可能引起身体上的不适，不过，困扰并不是一无是处，我们之所以会产生心理困扰和困惑，说明我们在成长。就像航船行驶在海上，总会遇到各种各样的风浪一样。

要想有针对性地解决这些问题，首先必须承认问题的存在，不在心中排斥、厌恶自己的问题，看清问题的所在。

想想我们经常会遇到的问题有哪些呢？不妨列一张清单。例如：

工作业绩没有达到自己的目标。

做事没有激情，拖拖拉拉、磨磨蹭蹭，不到最后一分钟便完不成工作。

人际交往中遇到一些麻烦，担心处理不好人际关系，怕无意说的话、做的事引起别人的误解。

和爸爸妈妈有一些代沟和摩擦。

总觉得自己无辜，口不择言，说出来的话伤害了别人还不自知。

心理敏感脆弱，总觉得别人故意针对自己找碴儿。

急躁，容易发脾气，越来越没有耐心。

随着年龄的增长，心态越来越差，不信任自己，也不信任他人，凡事都抱着消极冷漠的态度。

……

这些问题会给我们带来困扰，也会给我们带来挑战。如果处理不好，或是沉溺其中，将严重降低我们的生活质量。外面的世界已经充满了无奈和混乱，那么在我们可以处理的范围内，就不要让自己的身心生活在雾霾之中。不要再暗自慨叹，不要再黯然神伤，我们属于自己，其实，每个人都有能力解决自己的问题。

那些看不见的身心健康“杀手”

杨安疗愈 快节奏的经济发展给我们带来了巨大的身心压力。亚健康状态不但影响我们的身心健康，还会给我们的工作和生活带来负面影响，如工作效率低下、容易疲惫、做事提不起精神，或者长期心绪不宁、失眠、健忘……

随着经济的高速发展，快节奏的工作和生活使人们承受了巨大的身心压力，再加上不良的生活方式，久而久之，就产生了睡眠质量差、健忘、颈肩腰背酸痛、注意力不集中、食欲不振、焦虑不安、抑郁消沉、疲乏无力、头晕气短等症状。“亚健康”问题日益严重，它所造成的危害是巨大的，不要等到疾病缠身时，才想到事情的严重性。

1. 有害的生活习惯

（1）一天中大部分时间都坐在电脑前，极少起身走动

很多人在工作时都需要长时间面对电脑。再忙碌的工作也不至于让你放弃起身走动的权利，但很多人却在有意无意间连续几小时都静坐在电脑前，无论是在工作还是在做其他的。长此以往，不仅对脊椎和腿部血液循环造成很大压力，也可能在精神上给人“疲惫感”，总是提不起精神，严重损害身心健康。

（2）周末也“宅”在家中，吃一些垃圾食品，把所有的时间都交给电玩和睡眠

可能每天清晨伴着闹钟声醒来时，我们都有想赖床的想法。所以，在很多人的概念中，放假等于睡懒觉。事实上，睡懒觉和待在家里并不是很好的决定。虽然告别了压抑的工作环境，但家中依旧是个相对封闭的环境，而且很多人在周末长时间的补充睡眠后感觉更加劳累。

如果你放弃了传统的休闲和锻炼，而把娱乐的时间都交给电玩，那么它们将很大程度上占用你本应有的锻炼时间。你可能一整天待在电脑前，甚至是吃饭，然后上床睡觉。这样都将严重影响你下周的工作状态。

（3）以“没时间”为借口几乎不参加任何锻炼

你也许说自己并不喜欢锻炼，所以也不主动参与。甚至你可以用自己并不胖这个理由作为托辞。但长期缺乏锻炼会产生严重后果：一方面，没有流汗会使新陈代谢和血液循环减慢，体力下降，容易在睡觉时出现小腿抽筋、肌肉酸痛和失眠等症状；另一方面，不锻炼加上高脂肪、高蛋白、低膳食纤维的饮食习惯很可能引发肠胃消化方面的疾病。这也是恶性肿瘤在年轻人中高发的重要原因之一。

（4）电子产品不离手

不管走路、乘车还是逛商场，听歌、玩手机已经成为当下很多年轻人的生活习惯。手机、MP3、PSP、平板电脑等电子产品，已经成了年轻人打发无聊时间的必需品。但长时间将注意力集中在电子屏幕上对视力影响是非常大的。更有甚者，患上了“手机综合征”——有事没事都要拿出手机看一下；总是幻想有未接电话，总是想着游戏里有了新的升级提醒。注意力逐渐分散，工作效率降低。

（5）长期熬夜，还要吃夜宵

如果你是夜猫子，那么皮肤、肝脏和肠胃功能一定好不到哪里去。如

果不吃夜宵睡不着，那么肥胖一定伴随着你。有些人熬夜不仅仅是为了加班，仿佛已经把熬夜当成了一种生活常态，即使没有工作，也会坐在电脑前面直到非睡不可。

（6）长期没有做身体检查

不要认为体检是老年人的专利，近年来，脑血管病、恶性肿瘤、呼吸系统疾病、心脏病、消化系统疾病、传染病、内分泌代谢病、泌尿生殖系统病逐渐成为导致年轻人死亡的主要疾病。这些严重到足以致命的疾病当然不是突如其来的，其实很多疾病在发病初期并不会致命，最终导致死亡的主要原因在于，没有定期进行身体检查，对小病听之任之，没有及时预防和彻底治疗疾病。

（7）依靠酒精和香烟减压

有些人以"应酬"为借口，烟酒不离口，时间长了，就对烟酒产生了依赖。压力大的人群尤其如此，为了抗压常常用酒精和香烟来麻醉自己，而长期酗酒和吸烟的危害不用多说。

（8）放纵自己，以声色犬马来缓解压力

当压力巨大时，有的人喜欢依靠纵情声色或者投身赌局等极端的方式试图缓解压力。这种方式好比饮鸩止渴，只能将你推向无尽的深渊。

亚健康状态不但影响我们的身心健康，还会给工作和生活带来负面影响，如工作效率低下、容易疲惫、做事提不起精神，或者长期心绪不宁、失眠、健忘……

2. 摆脱亚健康状态困扰的六种方法

（1）均衡营养，增加食谱中的食物数量

所谓均衡营养，就是要丰富自己的食谱，既要吃山珍海味、喝牛奶，更要吃粗粮、杂粮、蔬菜、水果，这样才符合科学合理均衡的营养观念。

饮食合理，疾病必少发生。人体不能合成维生素和矿物质，如维生素 C、维生素 B 族和铁等对人体尤为重要，应当适当地补充多维元素片。

（2）保证充足的睡眠，“补觉”是没有用的

睡眠和每个人的身体健康密切相关。专家研究发现，睡眠应占人类生活 1/3 左右的时间。而当今因工作或娱乐造成的睡眠不足已成为影响人类健康最普遍而严重的问题。值得引起高度警觉，横下心来保证足够的睡眠，及时调整生活规律，劳逸结合，保证充足睡眠。

（3）不逃避压力，学会放松

人之所以感到疲劳，首先是情绪使人的身体紧张。因此要学会放松，让自我从紧张疲劳中解脱出来。要确立切实可行的目标定向，切忌由于自我的期望值过高无法实现而导致心理压力。人在社会上生存，难免有很多烦恼和曲折，必须学会应付各种挑战，通过心理调节维护心理平衡。

（4）培养健康的兴趣

兴趣爱好可以增加你的活力和情趣，使你的生活更加充实，生机勃勃，丰富多彩。健康有益的文化娱乐体育活动，不仅可以修身养性、陶冶情操，而且能够辅助治疗一些心理疾病，防止亚健康的转化。

（5）平时多放松肢体，放假时参加户外活动

工作时，最好每 2 ~3 个小时起身走动一下，向远处的绿地眺望一下。现代化的物质生活，让我们进屋就面对空调、电视、电脑，出门就坐汽车，从而远离了阳光和新鲜空气，经常处于委靡不振、忧郁烦闷状态。因此，每天须抽出一至半小时，远离喧嚣的城市，到郊外进行光照，呼吸负氧离子浓度较高的新鲜空气，对调节神经系统大为有益。

（6）远离烟酒，定期体检

尽快走出压力怪圈，戒除烟酒，注意调整心理状态并保持积极、乐观的态度。

烦恼、困惑的原因皆在自我

杨安疗愈 遇到不顺心的事而心情不佳，是难免的。但这种状态持续下去，就会影响到自己的思维方式，进而影响情绪，渐渐演变成了病态。如果总是戴着一副有色眼镜，就会发现自己和世界都变了样。

在真实琐碎的现实生活中，我们经历着各种喜怒哀乐、生离死别，面对着抑郁、焦虑、无助、畏惧。这些负面情绪一旦超越合理限度，便会对我们的心理造成影响。寻找外界的宣泄途径固然是一种必要的方式，然而最重要的是懂得看清烦恼的真相，自我排解。如果我们不自我排解，反而自我强化，就有可能演变成心理障碍，甚至最终变为心理疾病。

李顺其，农民出身，18 岁入伍，长得结结实实，却是一副菩萨心肠。看电视时，看到生老病死、悲欢离合，总是忍不住潸然泪下。因为他有着农民的质朴勤劳、乐于助人的风格，人缘很好，因此入伍不久就当上了班长。可是过了一年，尽管他兢兢业业，还是没有得到提拔，这让他心里很是七上八下。还有一件让他放在心上的事：上中学时，他喜欢同班的一个女同学。女同学现在还在大学读书。他觉得他们两个人自小相识，似乎有着比常人更微妙的情感，于是，想了又想，他终于鼓起勇气写了一封信给女同学寄去了。但是，却没有收到女同学的回信。让他日思夜想的状况并没有发生，他幻想了无数遍的美好情景也没有出现。这让他大失所望、伤心难过，本来不悦的心情更是雪上加霜。几个月后，他越来越沉默寡言、孤僻呆滞。他觉得自己一日三餐食不甘味，玩什么都没劲头，身体乏力，头脑迟钝，觉得生活无趣。

经诊断，他患上了抑郁性神经症。是什么让他失去了对生活的展望呢？如果他能站在一个旁观者的角度看待自己，就容易看到：他从农村出来当兵，是为了谋得一条出路。几年没有提拔，复员后就要重新回乡当农民，还是没有出路。其次是自感“失恋”，觉得连唯一的精神寄托——女朋友都失去了，简直生不如死。

其实，在当兵之前，他就已经知道，可能被提干，也可能复员回乡。那么，就不可能一门心思只接受一种结果而排斥另一种结果。毕竟能提干的只是极少数人，大部分人还是要复员回原籍的，有很多人连班长都没有当过，可见他并没有比别人多损失什么。一当兵就提干岂不是不现实吗？而当兵必须提干不是对自己的苛刻要求吗？况且，当兵提干也不是唯一的出路，回乡之后大施拳脚的复员官兵大有人在。

再说“失恋”这件事。首先，他用这个词来表述自己的心情就是不准确的。因为他们之间尚未建立恋爱关系，又何谈失恋呢？产生为了同学去殉情的想法岂非荒唐？

遇到不顺心的事而心情不佳，是难免的。但这种状态持续下去，就会影响到自己的思维方式，进而影响情绪，渐渐演变成了病态。沿着一条顽固的、错误的路线一直走下去，就像戴了一副有色眼镜，自己和世界都变了样。只有拿下这副眼镜，生活才会恢复本来面目。不妨制订一个切实可行的计划，每天做该做的、能做的，多参加社交活动，和大家互相交流想法，和别人达成思想的共鸣。生活在友谊中常常会让人达到忘我的境界，自然就不会沉浸在自己的小圈子中顾影自怜了。然后制定自己力所能及的奋斗目标，这样成功的可能性更大，自然也就更容易领略成功的喜悦，进而推进自己朝更大更远的目标迈进。

记住“四它”原则——面对它、接受它、处理它、放下它。

无论我们做什么，选择以怎样的态度面对，外面的烦恼还在，劳累还在，费心还在，辛苦还在……生活的种种无奈通通还在。但是，如果从自身开始调节，痛苦的负担不再，厌倦的恶感不再，欢乐平静常在。做人的分寸也拿捏得更妥当，潇洒自在，处事随和。慢慢地，你会发现世间大众充满了善意和真情。

其实，是我们自己的心态转变之后，目光注视之处也随之转变了……因为，凝视自己的内在、对它充分了解后，你便无须再凝视，而将目光投入更广阔的天地。在处理一切“别人”的事物中，你已经不知不觉地解除了自己的困境。

种子生现行，现行熏种子

如果能够时刻审视自己心中的种子，就能防患于未然。不要让我们心中的不理智变成逆向的养料，滋养我们心中歪曲的大树。

佛教讲求“无因无果、无始无终”，世间任何一种能量都不会无缘无故地产生与消亡。在我们小的时候，身边的环境和亲人在我们心中种下的种子，会对我们的今天产生影响。而长大之后，我们在自己心中种下了一粒种子，又怎样形成今后的我们呢？“每个人心里一亩田，用它来种什么？种桃种李种春风……”就像歌里面唱的，别人的种子、外界的种子、过往的种子，也许不是我们能选择的，不过我们能选择让什么样的种子发芽，让什么样的种子不发芽。如果有些不该发芽的种子发芽了，可能就会在我们的心中长成歪曲的树木，在前进的过程中形成阻碍。

如果能够时刻审视自己心中的种子，就能防患于未然；那些已经长成了树木，对我们的生活形成了阻碍的种子，应该怎样去处理呢？重要的是，我们不要陷入恶性循环。就像在人际关系的处理中，我们可能不满于一段关系，然后愤恨、怨怒，最终让我们想爱的或者爱我们的人越走越远；而这种越来越恶劣的关系，又让双方越走越远。不要让我们心中的不理智变成逆向的养料，滋养我们心中歪曲的大树。

从主观意识上讲，没有人愿意将自己推向无可挽回的地步，然而事实却往往就是这样发生的。这是怎么回事呢？因为我们很少去审视内在，分辨哪些是会产生恶劣影响的思维；很少认识到，哪些种子有可能长成歪曲的大树。也就是说，首先要认识到根源才能从源头上实现自我疗愈。下面就以“自我评价过低”为例子，看看具有社交恐惧症的人是如何陷入难以自拔的恶性循环的。

众所周知，对于同一件事不同的人有着不同的看法和评价，而且还可能形成完全相反的两种观念。“认知疗法”认为事件本身不会给个体带来情绪和行为反应，个体对这一事件的看法、解释及其评价才是引起情绪和反应的直接原因。而让“社交恐惧症”陷入恶性循环的一个原因就是“自我评价过低”。

有社交恐惧症的人总是羡慕别人的外向，讨厌自己的内向，认为外向比内向好。他们不接纳自己的性格，当然就不会接纳自己，而不接纳自己、排斥自己，导致了他们面对众人时更加不自信，这正是恶性循环的开始。

社会大环境认为：性格活泼开朗的人更讨人喜欢，从而在人际交往中如鱼得水。因此，患有“社交恐惧症”的人大多数都讨厌自己内向的性格，认为内向的自己不能在社交场合中有出众、完美的表现。为此，他们深深烦恼。

有“社交恐惧症”的人，也许平时表现还算正常，可是一到了社交场合，就越发控制不了自己，有的还会出现紧张、脸红等生理反应。

每次自己有这样的表现，恐惧情绪过后，都会觉得自己糟透了。觉得自己表现糟糕透了，是所有“社交恐惧症”人对自己行为的评价，因为产生了这种负性评价，“社交恐惧症”人又会一遍一遍地回想自己的行为，每一遍回想都会把这种恐惧情绪带入；还会反复设想将要遇到的一些场合，自己会不会脸红、紧张等，这种回想方式又必然会导致在社交场合心生恐惧。他们无法容忍自己的这种缺点，甚至说错一句话也要自责很久。

说到早期的性格形成，这可能和我们的社会文化，还有父母对孩子的成长教育有关。

常常会听到父母这样评价性格：“这个孩子又活泼又聪明，我很喜欢，我可不喜欢那些闷着脑袋不说话的孩子，想什么都不知道。”这种对性格的评价几乎代表了大部分人对外向的一种偏爱，也让那些个性敏锐、追求完美、硬不服输的内向气质的人陷入了深深的烦恼中，导致“社交恐惧症”人的自我评价过低。

几乎“社交恐惧症”孩子背后都有一个“严厉”的父亲或者母亲。我无意指责这些父母，只是因为父母的“望子成龙”心情太过于迫切，没有看到自己孩子身上具备的独特性，一味要求这些敏感的孩子放弃自己的独特，变成社会上普遍认可的性格，指责他们的内向，指责他们的安静，于是这些孩子在这些指责中，在这种严厉的教育下，突然找不到了自我。由此可见，这种不能容忍自己缺点的认知，有其自身追求完美的心理原因，也与后天教育中没有得到过接纳、认可有关。

除了外界的环境影响，内向性格的形成还可能是因为天性敏感。这些人对于紧张、不安等情绪比一般人有更深刻的体验；因为追求完美，这些人会按照社会的要求努力去社交，不顾自己的神经类型需要的其实是适度的独处，完全违背了自己的生理特点；因为硬不服输，越做不到的越要去做，因为违背了情感的自然规律，结果是让自己陷入恶性循环中。

其实，“社交恐惧症”的人只要勇于接纳自己，其自身丰富的感受性便会对生活带来积极的作用。

小鹏是个男孩，从小性格内向。而社会上对男孩的要求往往是敢闯敢干、勇往直前，为人圆滑、深谙处事之道。可是小鹏不管怎么要求自己，就是做不到像有的男孩子那样修家具、泡女孩、逢迎领导样样都行。在工作单位上，他也一直默默地完成自己的工作，领导既不重视也没苛责过，总之就像个透明人。不过，小鹏心灵手巧，而且，为人细心；虽然不多言不多语，心里却很有数。后来，他凭借着自己在公司学到的业务和客户关系，自己开了一家宠物店。由于他业务精良又有爱心，生意做得红红火火。

针对社交恐惧，心理学上有一种“森田理论”，这一理论主要是希望人们通过“我接纳自己”来自我实现。

可是，有社交恐惧症的人往往比较敏感。他们的内心世界经常发出这样的声音：我从来没有被别人认可过，我没有被别人接纳过，我没有被别人欣赏过，我讨厌自己的性格，我讨厌自己的行为。我很难过，我对别人只有顺从或者反抗。我能够接纳别人，却不能接纳自己，我觉得别人也不接纳我。

当一个人在生活中缺少一种被完全接纳，完全认可的人际关系时，一句简单的“我接纳自己”是多么难以做到。然而即使别人没有为我们做什么，这也是我们需要为自己做的。

因此，要想打破这种恶性循环，就要学会欣赏自己，善待自己，到生活中去体验成功的喜悦和快乐，释放自己内心的怨恨不满，不怨天尤人。当你能够感恩这个症状的时候，你才开始真正地接受自己。

疗愈，是自我心灵的保养

杨安疗愈 圣严法师说："放不下自己是没有智慧，放不下别人是没有慈悲。"我们的身心需要在深蓝的海洋中陶冶，需要在宁静的漫水中保养休憩。

就像名贵的珠宝需要定期保养，每个人的心灵都是一颗钻石，我们的心灵也需要注重保养。心灵健康清澈，方能铭记心中的理想，远离世俗的烦扰，保持平常心态来应对不期而遇的重重困境。保养你的心灵，用湿润的泉水去润泽，雕出一幅恬淡的山水画；保养你的心灵，用柔美的和风去荡涤，描出一份惬意的空间。

不然，在这光怪陆离、充满了尘埃和泥土的社会中，日积月累，我们的心灵要积攒多少灰尘？我们要带着这些沉重，以怎样艰难的步伐前进？在如今这样的社会，我们又怎能不去奋力寻找一片恬静来保养我们的身心？

1. 保养心灵，需要一点超脱的灵性

圣严法师说："放不下自己是没有智慧，放不下别人是没有慈悲。"我们的思维方式是这样的：别人一定要怎样怎样，我才有幸福；我有了幸福，才能对别人更好；我有了钱，才能去帮助别人；我开心了，才能让别人开心。何必一定要将自己的想法加诸于别人身上？善意不是干涉别人的

最好理由，关心不是忽略别人压力感受的理想借口，真的想帮助别人得到幸福、远离悲伤，那就先放下自我。

2. 保养心灵，需要在心中给自己建造一片安静祥和之地

有些时候，我们需要一点甘于寂寞的淡然。就好像能听见宁静的泉水，静静地流淌在苍翠的青山之间。面对无数的诱惑，学做一个像庄子一样的智者。只有保养内心，才会看到梦中化蝶的美丽，才会感悟与大鹏翱翔于天际的逍遥自在。我们的身心需要在深蓝的海洋中陶冶，需要在宁静的漫水中保养休憩。

3. 保养心灵，需要在得意时淡然，在失意时泰然

无论得意还是失意，都不过是人生所需要经历的一个过程。

得意之时不必太自大自夸，任何事物到达了顶点必将面临一次大的调整或回落，正所谓“此一时，彼一时也”。无论五彩的光环有多么耀眼、多么绚烂，必将随着时光的更迭而黯然失色、暗淡无光。遥想历史中的那些叱咤风云的人物，现在也已然灰飞烟灭。对待名利，要理性看待，理性思维。今天拥有，不可能永远拥有；今天失去，不可能永远失去。学会淡名泊利，不以物喜，不以己悲，得意时淡然，失意时坦然，人生才能品得个中滋味。

失意之时也不必妄自菲薄。世间纵有道路千万条，却几乎没有平坦笔直的道路。人生之路也不可能一帆风顺，总会遇到坡坡坎坎、沟沟壑壑。关键是要以一种自然的心态坦然面对，来之不避，主动接纳，进而直视面对，用心把脉，对症处方，辨证施治。面对暗礁险滩、狂风暴雨，要调转航向，避开波风浪谷，在乘风破浪时欣赏海涛的壮美，将生命的航船渐渐驶进波光粼粼、风平浪静的海面。

4. 保养心灵，需要怀着珍惜之情看待世界，珍惜所拥有的一切，珍惜没有得到的一些

对于自己已经拥有的东西，请在某一个时刻蹲下身，用柔软的双手为它掸去身上的尘土，细细品味、细细思量，学会用欣赏的目光透过简陋的外表发现闪光的内瓤，去珍惜，去珍藏。不要左顾右盼，顾盼流连，把过多的目光投向自己所没有的层面，漠视眼前，忽略拥有，甚而把拥有当作一种习惯、一种自然，不以为然，于无形中加大心理落差，徒增烦恼，自贱心灵。

5. 保养心灵，需要调整自己看待俗事的眼光，减少不必要的烦恼

有一个心理学家做了一个很有意思的实验，他要求一群实验者在周日晚上，把未来 7 天所有烦恼的事情都写下来，然后投入一个大型的“烦恼箱”。到了第三周的星期天，他在实验者面前打开这个箱子，逐一与成员核对每一项“烦恼”，结果发现其中有九成烦恼并未真正发生。接着，他又要求大家把那剩下的字条重新丢入纸箱中，等过了三周，再来寻找解决之道。结果到了那一天，他开箱后，发现那些烦恼也不再是烦恼了。

烦恼是自己找来的，这就是所谓的“自找麻烦”。据统计，一般人的忧虑有 40% 属于现在；而有 92% 从未发生过，剩下的 8% 则是你能够轻易应付的。

人身体上的大多数疾病，都可以通过调整身心习惯而得到治愈。同样地，大多数的烦恼都会在第二天早晨好很多。克服忧虑的秘诀是养成一种

超然的态度，把心头泛滥的愁烦看作东逝之水。不允许自己沉溺其中，把心神集中在现实和身边的事物，并且务必养成凡事感恩的习惯。有时我们的心如置身在严冬的黑夜中，要求自己把值得快乐的理由一一写下来，可以引导我们快速地从忧愁的迷宫中脱身。

在竞争日益激烈的今天，生活的压力、工作的艰辛、人际关系的复杂，让我们的情绪常常出现紧张、焦虑、不安等情绪。这些情绪如果不能得到及时妥当的处理，将严重影响生活质量和工作质量。在物质丰富的今天，人们更应注重心灵的养生。懂得放飞，学会释放，保持乐观、豁达、积极向上的健康心态。唯有如此，才能在人生路途上不迷失、不颓废。

保养心灵看似简单却寓意深远，只有我们在尘世中不断修补，才能永远保持一颗年轻而活力无限的心灵。

记住，人生不是带着忧伤前行的旅程

杨安疗愈　人们通常不能清楚地认识抑郁状态，因为抑郁心境会隐藏在各种身体不适的症状当中。有时悲哀的情绪会持续很久，使人陷入深深的痛苦而不能自拔。越是希望摆脱它，越是不成。

在生命中充满了无常，幸福不是必然的，而可能只是短暂的时光。我们需要学会面对生命中的不完美，需要学会应对突如其来的变故和久久不能释怀的忧伤。

通常，我们的心情如同“平静的湖水”，时刻有涟漪和波浪，不管是喜是忧，都会随着外界或心理的变化而改变，持续时间不会太长久。这就是人们变化无常的“喜怒哀乐”。但有时悲哀的情绪却会持续很久，使人陷入深深的痛苦而不能自拔。越是希望摆脱它，越是不成。从心理学观点看，如果这种痛苦持续两周以上，就被认为是抑郁状态，已经超过了正常范围。比如，如果亲人突遇车祸等意外伤害，不仅必须忍受痛苦的折磨，而且日常生活状态会被全部打乱，会使人吃不下、睡不着。还可能因为各种原因自责，严重的就会影响正常的工作和生活。

人们通常不能清楚地认识抑郁状态，因为抑郁心境会隐藏在各种身体不适的症状当中，例如：失眠、早醒（也有昏昏欲睡的情况）等“睡眠障碍”；食欲减退、无饥饿感、食不甘味（也有食欲亢进的）；有人短时间内消瘦了，有人发胖了；还可发生全身疼痛、乏力、心慌、出汗……这时候，人们常会以为身体得了病，却又查不出具体的病症来。因为查不出病，又带来许多心理压力和不安。

为什么会产生长久的忧伤心境呢？从心理社会因素看，“负性生活事件”在很大程度上影响了人的感情。

其他负性生活事件如经济损失、人际冲突、慢性疾病、长期不良处境等，都会给本人及家人带来抑郁心境。

世间最令人忧伤的事情之一大概就是亲人的突然离世。曹女士就经历了这样的变故。吃早餐后，丈夫温柔地对她说“拜拜”，然而短短一个小时后，两人却阴阳相隔，从此永别。这一切发生得太突然了。曹女士感受到的只有生活的无奈和残忍，面对现实生活中的一切，只有无力感，认为自己什么都做不了，什么都无力完成，即使做些什么也无济于事。她每天只是以泪洗面，感觉自己就像一个漏气的玩具，家里无力收拾，儿子亦无力照顾，仿佛自己的生命也跟着丈夫走远了。

的确，她从小就生活在一个重男轻女的家庭，很少体会到被爱的感觉。自从嫁给自己的丈夫以后，就好像生活在童话世界中。每次不开心的时候，丈夫都会用温柔的声音，一面安慰她，一面想办法解决问题。还经常对她说："不用怕！我那么高大，那么强壮，就算天塌下来，都有我替你撑着，保护你。"然而一场交通意外，就这样带走了这个又强壮又爱护太太的好男人。

一天晚上，曹女士梦见丈夫。丈夫对她说："我现在很努力适应新生活，你为我做的一切，我都知道。有你照顾两个孩子，我很安心。"梦醒之后，曹女士在丈夫的感召下，努力让自己学会面对新的生活，她开始更多地为失去父亲的儿子考虑，更多地担起家庭的责任。希望亲人都不要再为自己担心。

不知不觉，时间过去一年了，曹女士和儿子都过得充实健康，并且，家人之间也不再忌讳谈论起丈夫。只不过，现在他们提起丈夫和父亲的时候，脸上已不再是泪水，而是笑容。因为家人都明白丈夫在另一个世界始终在支持着他们，爱着他们，只要这种爱永恒不变，就能给人以力量和勇气。前路虽然很难走，但总有走完的一日。以后的日子，他们会勇敢走完每一步，直到尽头，直到和丈夫重聚的那一天。

曹女士的不幸遭遇，的确令人唏嘘。然而生命的无常的的确确是每个人需要面对的。认识到自己心怀忧伤并不难，但如何摆脱却非易事。正处于忧伤中的人，可以使用下面的方法。

（1）尝试聆听自己的心声及感觉，接受自己的情绪。不是说要让自己完全沦陷在这种沮丧的心情中，而是要让自己接纳这种情绪，抽出一定的时间和忧伤情绪单独待在一起。先接纳，才能化解。

（2）适当地宣泄情绪，如大哭一场、找朋友或辅导员倾诉、深呼吸、做自己喜欢做的事，或将感受以文字、艺术等方法抒发出来。

（3）运用自己的创意去发泄愤怒，如拧毛巾、打枕头、撕碎纸张等。

（4）养成一种对自己来说效果较好的松弛方法，如深呼吸等。

（5）化悲愤为力量，尽力去达成亲人的遗愿。

（6）找一个合适的地方和时间，让自己痛快地回忆与亲人在一起的片段。

（7）按照自己的步伐，逐渐恢复生活的规律和活动。

（8）做一些自己觉得有意思的活动，作为思念亲人的方式。如祈祷、好好照顾自己等。

（9）参阅一些讲述同路人从痛苦回复过来的经历故事或文章，也许可以从中获得启示。

（10）参加一些专为丧亲家属提供的善别辅导小组，希望可发挥互相支持的效用。

当我们身边有沉湎于忧伤、需要帮助的人，我们可以这样安慰他们。

（1）持续、定时地提供适当的关心及问候。在变故发生后的每一个阶段，他们都需要他人的劝慰。如果有条件，最好能够陪伴在他们身边。关心的眼神、坦诚的陪伴，有时更胜言语的安慰。

（2）告诉他们："我理解你的忧伤"，远比让他们不要再忧伤更管用。尝试理解及感受亲友的哀痛。想要处理哀伤，唯有面对及感受它，才有力量去包容并转化它。

（3）给予他们一定的信任和自我空间。接受、允许并信任亲友有自己的空间及能力去处理其哀伤。

（4）当他们希望与我们分享的时候，尝试顺应亲友的哀伤步伐，允许他表达及述说对逝者的回忆、思念及起伏之情绪，而你亦可以与他分享你对逝者的回忆和欣赏。

（5）如果方便的话，可以提供些急需的、实质性的支持。如提供适切的陪伴、为他们提供一些食物、短暂性协助处理家务、经济支持及照顾小孩等。

（6）鼓励他们尝试采用一些宣泄方法去舒缓起伏的情绪。

（7）如有需要，可鼓励亲友参加一些专为丧亲家属提供的善别辅导服务，或寻求专业人士的协助。如果有超过两周以上的抑郁心境，就应当去看医生，以便确诊、治疗，尽快恢复健康，重新获得好心情。在他人忧伤时，无论我们做什么，只要是出于真挚的关怀，就是真正的帮助。

第二章

你就是一切，接受自我就是接受快乐

找一个安静的时候，让自己和自己待一会儿，体验内心的感受和方向。忧伤来了、愤怒来了、恐惧来了，都让它们在自己的心里待一会儿吧。这就是属于我们的生活带给我们的，我们需要这些丰富的感受，在心里略加停留。接纳任何时刻的自我，才能让快乐永驻心中。

完美只是种奢望，缺憾才是真人生

杨安疗愈　完美与否只是一种个人体验而已。如果你追求的是过分的完美，那么可想而知，收获的只能是遗憾。适度地追求完美，才能让这种对生命品质的追求为自己服务。

维纳斯没有断臂也许反而不完美；每天都吃蜂蜜也会觉得太甜腻。完美不一定是指没有缺憾。完美和缺憾是相对的，完美因缺憾的存在而更加完美，缺憾因完美的对比而更令人愈加遗憾。

追求片面的“完美”，收获到的大多是遗憾。

有人花一大笔钱买了一条红宝石项链，宝石耀人眼目，煞是好看。这个人经常佩戴它，觉得很快乐。突然有一天，这个人的朋友发现，在红宝石里面似乎隐隐约约有一条细纹。从此以后，这个人变得十分苦恼，埋怨丈夫买了有瑕疵的东西给她。从此以后，两口子一提到此事，就会争吵一番；而她再也不戴那条红宝石项链了。

要知道，过分的完美是不存在的。如果你追求的就是过分的完美，那么可想而知，收获的只能是遗憾。适度的追求完美，才能让这种对生命品质的追求为自己服务。完美与否只是一种个人体验而已。许多时候，你认为它是完美的，它就是完美的，你认为它是缺憾，它就是缺憾。

对于已经拥有的东西，如果觉得满足，便是完美；如果难以知足，便是不完美。知足者常怀有淡然的心态，对事物不一味追求，他们认为，该得到的一定能得到，得不到的自然是不属于自己的东西，也就不称其为遗憾。这些人看世界，到处充满阳光，对生活充满向往，有很强的自信心，遇到困难更易勃发出无限的勇气和力量。知足即完美。有这样生活观念的人，不但能让自己感觉到快乐，他们本身在别人看来也是完美的，能带给他人快乐。

不强求完美，不等于甘于堕落。适当地追求完美，努力消除缺憾，我们的人生和社会才能进步。人生的过程便是一个从缺憾到完美孜孜探求的过程。回忆我们走过的道路，那歪歪斜斜的脚印里烙下多少人生憾事，但远远看去，正是那一串串歪歪斜斜的脚印完美了你的生命历程。假如一个人一生中平平坦坦，没有丝毫的缺憾，身后是一片平展展的路途，没有留下任何值得你咀嚼回忆的东西，人生是不是反而不完美了呢?

不崇尚完美并不是说完全放弃对完美的追求。相反，人生的光彩恰恰表现为对完美的不懈追求，是生命动力的源泉。你获得了暂时的或某一事物的完美，千万不可因此而忘乎所以，因为在这背后或许就隐藏着某种缺憾；你也不必因为付出了努力和代价没有获得那份完美就失去信心轻易地败下阵来，因为缺憾中往往意味着转机。有的人并不刻意追求完美，甚至希望留有一定程度的缺憾，不把自己圈在完美的圈子里，不让一时的完美让自己丧失继续奋斗的勇气，为冲刺下个目标留有充分的余地，始终保持旺盛的斗志和力量，这也不失为一种积极的人生态度。

其实世上根本没有绝对的完美，过分的完美只是一种奢望。将那些生活中你看不惯的人、动摇不了的事情、避不开的磨难……统统抛之脑后，任凭风吹雨打，将生命之树精简的只剩下凌霜傲雪的枝干，只剩下日月经天似的明朗和慷慨，只剩下足以能够容纳一切事物和不平的那份坦荡胸怀。

完美的人生需要缺憾的生活去补充和点缀，这样才更显得完美；带有缺憾的生活中也能成就完美的人生。真正的智者总是能够理智地对待完美与缺憾，正确地认识和把握完美与缺憾。在一定程度上说，缺憾之中蕴涵着完美的可能；而完美之中也蕴涵着缺憾的可能。

在播种季节，一名青年进城购买小麦种子，父亲反复嘱咐要到正规的种子公司去买良种。这名青年找到种子公司，恰逢一位老教授在向人们介绍自己培育的良种。青年边听边看摆在一旁的样品，只见这些良种色泽灰暗，颗粒较小，而且不饱满，于是提出质疑。教授告诉他，新培育的良种处在物种进化的上升阶段，具有较强的自我完善功能，眼前颗粒较小，并不饱满，但会越种越趋向饱满；而看起来很饱满的种子，因为已达极致，只会越种越蜕化。青年不以为然，换了一家种子店买回粒大饱满的种子。收获的季节，果然不如那些良种。

中国古语道：“月盈则亏，水满则溢。”从某种意义上说，完美本身就意味着某种缺憾，或者是缺憾的开始。单独的、纯粹的完美不符合自然、社会的规律，当然也是不可求的。

鲈鱼鲜美，偏偏多骨；海棠娇媚，却无香味。苏东坡作“鲈鱼无骨海棠香”，以诗人的幽默告诉世人：完美和缺憾是共存的。比尔·盖茨说：“无论遇到什么不公平，不管它是先天的缺陷还是后天的挫折，都不要怜惜自己，而要咬紧牙关挺住，然后像狮子一样勇猛向前。”缺憾让我们的人生充满动力、更显真实。正视缺憾，不奢望完美，才能拥有“完美”的人生。

如果你只有一条腿，完全没有必要勉强自己去做一个长跑运动员；如果你的容貌不像西施那般美艳绝伦，就不必非要参加选美大赛。要学会正确看待和评价自己的潜质与能力。鲈鱼完美的一面是它的鲜美；海棠完美的一面是它的妩媚。没有缺憾，人类就无法真正为自己定位。

每个人都有自己的缺憾面和完美面，只有在正视自己之后找到能力与自信，才是可以凭仗的基础。

接受自我，才能接纳一切

杨安疗愈 莫名的情绪、行为表现乃至身体状况，多半是潜意识以身体的不适或各种负面的情绪，在对我们发出求救信号，希望让主人“顺藤摸瓜”发现真正的伤口根源，进而给予治疗或开解。

有的人喜欢因为一点点小事就发脾气，看起来很不讲道理，而且事后自己也弄不明白为什么会这样。既然找不到外在的、浅显的原因，可以从内在的原因开始查找。潜意识是自己内在真实的声音，接纳自我的方法之一，要学会真诚地去倾听潜意识，去面对它、了解它。

有的时候，我们发脾气，看似是不能接受周围的一切，其实，细细追究，是因为不能接纳真实的自我。发脾气的原因之一是：潜意识中“真实的我”和现实中“应该存在的我”之间存在着矛盾。

人们在成长过程中，不断地被迫接受众多规范、价值观、界定（例如不论父母如何对待你，都不能忤逆不孝，否则就禽兽不如……）。因为社会化进程是人类社会得以存在的根本机制，所以，当这些由外进入的规范、价值观与我们内在真实的声音有所冲突时（例如，一方面意识告诉我们必须孝顺父母；另一方面真实的我却想要大声谴责父母），我们就会在意识层面上用各种方式说服自己甚至欺骗自己，去接受一个内在无法认同的状态（例如，我们会告诉自己，必须克制自己想要谴责父母的冲动，其实父母是爱我的。如果我那么做了，我就是一个不孝的孩子）。

这样看来，一方获胜，一方安宁，不是皆大欢喜吗？麻烦的是，我们内在的声音仍会以各种乔装的面貌，试图冲破意识所设下的防线。这个企图发声表白的潜意识，就像一个为了引发老师注意、得到老师关怀，便故意捣蛋闹事的学生。偏偏老师没有看破，反而罚他面壁、记他大过，结果情况越发糟糕。而多数人，在面对潜意识发出的变装信号——愤怒、恐惧、逃避、退缩等，往往也犯了跟那个不英明的老师同样的错误。不但没有倾听不良情绪背后我们内心的声音，反而将它压制下去。

难怪一些对自己的不满总是以“无名火”的形式发泄出来，让他人和自己都搞不清楚，自己这是怎么了。发脾气可能是在转嫁发泄之前一个被压抑的愤怒的信号。当我们发现自己在某些情况、环境下，或面对某些特定的人事物时，便会有一些莫名的情绪、行为表现乃至身体状况时，那多半是潜意识以身体的不适或各种负面的情绪，在对我们发出求救信号，希望让主人“顺藤摸瓜”发现真正的伤口根源，进而给予治疗或开解。

通常人的心理都有自我防卫机制，会不自觉地避开心理的创伤或阴暗面，但是往往那些创伤或阴暗面正是问题的关键或根源。为什么想要治疗就要找到问题根源？关键就在于，当人的心灵水杯处于一种透明清澈的状态时，他便有能力用一种诚实、透明的态度、全新的视野观点，再次看待当年的创痛始末，重新诠释此项创痛在生命过程中的意义。

> 曾有一位患者对心理专家说，平常在公司，他很讨厌听到员工聊别的公司福利如何如何好，后来甚至只要这几个员工聚在一起说话，他就感到莫名的不悦，好像他们又在抱怨公司，而这严重地影响了他的工作情绪。
>
> 然而在接下来的进一步交流中，他终于对心理专家说出了自己最深的隐忧：其实真正的原因是，他对自己公司经营已有危机感，却一直没勇气正视，这份危机感犹如一根刺一直扎在心里，一旦被触碰，伤口就疼痛作祟。发现症结后，心理专家引导他面对并思考公司经营的问题。事后，他反馈说，现在他对员工不再有莫名的疑心，也不会再担心员工聚在一起说话了。

这位公司的领导者，其实一直没有接纳自己，一直在逃避公司经营不善的事实。就好比成语“掩耳盗铃”中提到的情况一样，让自己看不见、听不见，仿佛那些纠结就不存在了。结果，这种对自我的不接纳，让他总是去外部世界找原因，变得疑神疑鬼，反而让自己不安。如果没有找到症结，还会继续认为员工都在抱怨公司的待遇差，然后苛待员工，自己跟自己过不去，对公司的发展更无益处。长此以往，心灵的负荷日益沉重，生命的脚步如何轻松？

一旦不再排斥真实的自我，勇敢地面对，也就不再排斥、惧怕外部的世界了。

自我发现和内在突破所引发的改变是从内而外（从被催眠者自我内在出发的）的。不管是过去的、现在的、将来的自我，都需要我们理性面对。对于已经过去的事情，时间能巧妙地将痛苦、不良的情绪隐藏到潜意识里，然后我们就能恢复风平浪静了。其实，那些过去留下的痕迹，一直在以难以捉摸的面貌出来作怪，想让它的主人注意到它，妥当地处理它。只有我们真诚地面对自己，让内在的心灵顺畅，才能让眼中看到的一切不再唐突、不再怪异。

自我情绪能改变人的认知，错误的认知又会破坏身心的平衡，从而让我们眼中看到的一切发生扭曲，因此，我们就有了那么多的不接纳。只有先接受自己的一切，自然地获取身心的宁静与平和，内心充满包容、理解和力量，如此一来，我们还有什么情绪不能调整，什么压力不能缓释呢？

静下心来，认真品读自我

总有一天我们会发现：有酸甜苦辣各种滋味才是真实的生活，品读自己是为了了解自己，修正自己，是人生修习中不可缺少的功课。

不得不说，人是很害怕认识自己的生物。向外探寻容易，向内探寻却艰难无比；读别人容易，读自己却难。一个人最不容易了解的其实就是自己。有人自视阅人无数，却唯独忽略了自己；也有人或可阅尽人间春色，却未必真正阅读过自己的底色。读别人有各种各样的读法，读自己却不能变换角度，如同照镜子，无论你怎样晃来晃去，也只能照到你的正面。所以才有一句至理名言——人贵在有自知之明。人最难认识的是自己，更难的是品读自己。

就像啜茶品书一样，人也是可以品读的。品读自己是为了了解自己，修正自己，是人生修习中不可缺少的功课。

1. 品读自我，意味着自省

人非圣贤，孰能无过，古人云：“一日三省吾身。”找一个安静的时间，没有陪伴，就只有自我的角色，一边梳理，一边反思。以曾经的得失为镜鉴，观照自己，发现昔日的缺憾和过失，浅陋和无知，乃至弱点和荒谬，从而倍加珍惜成长的阅历，完成一次心灵的升华。

意大利画家莫迪里阿尼的系列画作《珍妮的画像》中的画中人都只有一只眼睛，许多人对此不解，对此，莫迪里阿尼解释说：“我们除了用一只眼睛观察周围的世界，更应该用另一只眼睛来审视自我。”

2. 品读自我，是对过往经历中那些美好的留恋和回味

抛却烦恼，回眸过去，生活中的一份浪漫，一段真情，一个久藏心底的思恋，一个得而复失的遗憾，都像一泓蜿蜒清澈的溪水，汩汩流入我们的心田。多一分对生命的享受，就少一分辛辣的感受。

3. 品读自我，曾经的脚印代替了文字，用脚印谱写的“无字之书”才是真正的书

我们的每一步都是在为“我的书”增加内容，直到离开这个世界。我们用自己的脚印书写着这本书上的每一行文字，又在寂静安宁中不停地翻阅。总有一天我们会发现：有酸甜苦辣各种滋味才是真实的生活。

4. 品读自我，不是对自己的诘难，而是以一种洒脱的心态，同自己的心灵进行对话

静下心来，想想我们该为自己做些什么。或许是对自己纷乱思绪的梳理，或许是对焦虑的根源的追寻，或许是对影响自己心情的人或事做理性

的再访，或许是在失落中感受内涵。品读自己的心灵、思想，甚至与自己相关的一切……

没有认真地去反思和解剖自己，就无法清醒地看待周围的一切；就会在埋怨生活的同时，把指责的话扣到别人的头上。

过去被我们忽略掉的东西，包含了多少珍珠和闪亮的色彩；而一直耿耿于怀的东西，又有多少真正值得留恋？过去的事情，在午后的时间，一样一样拿出把玩，拿出去晒晒太阳。细数流年，曾经的光荣、屈辱、不愤、拜服、痛苦、愉悦……原来如今都已成为嘴角泛起的一丝坦然的微笑。

5. 品读自我是一个认识自我的过程，这个真实的自我，不因夸赞而增加，不因贬损而减少

“别人赞我，于我未加一丝；别人损我，于我未减一毫”。抛开烦恼与顾及，把心沉静。自我的价值，便像沐浴在温暖的阳光下，让全身心得到了舒展，渐渐绽开，呈现出最真实、最原本的面貌。

18 世纪著名的思想家卢梭被当时的人们背弃，却仍旧坚守着自我良知——幼年的他，也曾迷惘过，他撒谎、懒惰、偷窃、调戏妇女……如果没有对自我的深刻审视，可能卢梭只是当时社会的一个小混混。能够全方位、多角度品读自我，当然也就学会了“站在不同的角度看风景”。

6. 品读自我更是一个由打破自我到重塑自我的过程

心灵上的痼疾不但会一步步引诱人们走向万劫不复的深渊，更会使其不断地在其中煎熬挣扎，却永远不能脱离苦难。因而，我们需要常常审视自我，打破故旧，于其中重新创造一个崭新而完整的灵魂。

鲁迅的小说《阿Q正传》几乎尽人皆知，这篇佳作由内而外渗透出作者严审自我的光芒。这其中的种种都在为我们鸣起审视自我的警钟，我们不该再如此沉沦下去了，唯有审视自我，才是华夏民族崛起的良方。

你寂寞时，泰戈尔说："我们把世界看错了，反而说它欺骗了我们。"

你自卑时，告诉自己："你之所以感到巨人高不可攀，只是因为你跪着。"

你痛苦时，牧师悄悄告诉你："神也懂得痛苦。"

你违心时，告诉自己："世界上有许多事情必须做，但你不一定喜欢它，这就是责任的全部意义。"

你懊悔时，鲁达在《太阳颂歌》里说："过去我不了解太阳，那时我过的是冬天……"

你焦急时，大仲马说："人生就是不断地等待与希望。"

你受伤时，罗兰说："是爱，让他们恨得那么深。"你明白，爱是一个债，恨是一个债，我们无债却都爱。

你哭泣时，告诉自己："只要有眼泪，就还有希望。"

你无奈时，看看别人是怎么对待无奈的。骨头最硬的作家鲁迅写道："人最痛苦的是梦醒了无路可走。"

你彷徨时，契科夫这样说："越是高尚，就越不幸福。"

品读自我，是为自己带来光明的方式。

为什么要同他人"比较"

在看到别人更优秀的时候，要学习他们的方法，借鉴他们的优点和长处。把他们看作对你有帮助的人，而不能看作是威胁。

虚心地学习而不是嫉妒，这才是健康的认知。

与别人相比，是相当辛苦的。如果你想耗尽你的脑力，有一个简单的办法，就是把你自己和其他人比，这种比较会给你带来两个后果：要么在你胜人一筹的时候，感到自豪；要么在你比上不足的时候，感到嫉妒和羞愧。正如你所知道的，这两种后果带给你的都是负面情绪，对你没有任何好处。

遗憾的是，与人比较，尤其是与超过自己的人比较，似乎是人的天性。种种困扰、痛苦，也就应运而生。

世间本来无事，可和别人比较起来，似乎一切都有了分歧。比父母，你的父母不如别人的有权有势；比老公，你的老公不如别人的优秀；比老婆，你的老婆不如别人的体贴温柔；比孩子，你的儿女学习成绩不如别的孩子突出；比事业，你的仕途不如一个条件不如你的人……在比较的过程中，很多人都会发现，别人比自己生活的快乐、开心，拥有的更多。而自己仿佛什么也没有，一切都不如意。

比较之下，愤懑之情油然而生：自己任何条件都不比他们差，为何却时运不济？会一直这样，还是会有朝一日飞黄腾达、扬眉吐气？

有的人因为比较而产生自卑，是因为他需要外界的肯定，把外界比他好的都看作威胁。具体可以从情感、行为和认知三方面去加以改变。在情感上，攀比之心是正常的，给自己以肯定。行为上，要看到自己不足的方面，付出行动去提高。在认知上，要健康地看待人和事物。也就是说，不能把比你好的看作威胁，而应该看作学习的对象。在看到别人更优秀的时候，要学习他们的方法，借鉴他们的优点和长处，把他们看作对你有帮助的人。虚心地学习而不是嫉妒，这才是健康的认知。增加自信很重要的一点就是，对于困难要勇敢地面对，不逃避。

其实，在和别人比较的过程中，之所以会产生自卑的情绪，总认为自己不如别人的原因：一是人们很少与表面上比自己差的人比较；二是看到表面上比自己强的人，往往只看到他人的优势，忽略他人的劣势，而强化自己的缺点。

相传从前的非洲富婆出门时要戴上30斤重的铁环，用蹒跚的步态与大步流星的穷人区别开来。那种“稀里哗啦”的铁环声掠过穷街陋巷时，都会引来大群的穷女人们的啧啧赞叹；而富婆们看着穷女人的轻松自如，心里也都羡慕不已。她们彼此都认为对方活得比自己快乐。

由此可见，每个人都是独一无二的。我们无须因为地位、权势等外在的事物影响对自己优势的判断。

当然，并不是说每个人都要甘于处于劣势。比较本身如果善加运用，也是使人进步的动力。

和比自己优秀的人比较，说明你对自己要求高，这点是值得肯定的，可谓见贤思齐。但是，要有理性的认知。与人比较后，心态要放平。首先，正如前面说的，不要将他人看作自己的威胁。其次，找一个榜样并且以他作为自己的标杆，能更好地激励自己。

当一个人身上的品质和成就是你所敬仰的，这个人就可以成为你的榜样。成功最好的方法就是模仿成功人士。通过找到正确的榜样，你将会塑造出你希望自己达到的形象。选择合适的榜样，并且努力追随榜样的力量，你将会发现自己迅速地提高了。

在模仿时要注意以下四点：

1. 不要参照他人的数据

比如，不要总想着他一年赚了多少钱，我也要一年赚那么多钱；他一个月拿下了几个客户，我也要签订那么多客户。这种数据上的比较只会耗尽你的脑力，徒增不愉快感。

2. 寻找一个适合你模仿的榜样

你要找到的榜样应该具备如下条件：

（1）他拥有你希望达到的重大成就。

（2）他与你并非天差地别，他的成就不是你无法达到的境界。

（3）他长期以来一直表现杰出。

（4）他身上拥有一些特征和你现在的情况比较相似。这一点比较重要，如果你们有相似的特征，就容易模仿。如果他身上的关键特征是你没有的，就很困难了。举个简单的例子，如果你想模仿猫王，可是你的嗓音不佳，那么还是换一个榜样吧。你与要效仿的人性格越是相近，模仿起来越是自然，而且很容易见到成效。另外，在同一时期最好只选择一个目标。

3. 仔细观察你所选定的榜样做事的方式

尽量全面地分析你的榜样成功背后的品质和行为，仔细观察他做事方式的细节。认真学习他的工作方式、生活方式。

4. 以你的发现为准绳，开始行动

将你的发现转化为行动。你的行动将会缩小你和你的榜样之间的距离。也许在你追上榜样现有的成就时，你的榜样仍旧在你的前方。不过，

这也是一件好事，最重要的是你尽力而为了。

不要为一些不可能改变的事而抱怨

杨安疗愈 为了不能改变的事情抱怨，不但于事无补，反而可能让事情变得更糟。抱怨是遮住办法的墨镜，让我们不思解决办法，停留在已经造成的损失上。长时间暴露在抱怨环境中，还会使人变得愚蠢和麻木。

抱怨听得多了，会伤害我们的大脑。国外的神经科学家与心理学家发现：大脑的工作方式就像肌肉一样，如果让它听到了太多负面信息，很可能导致当事者也会按照消极的方式行事。更糟糕的是，长时间暴露在抱怨环境中，还会使人变得愚蠢和麻木。

之所以有这样的变化，是因为情绪有一定的感染性，在听到抱怨与牢骚时，我们的大脑容易出现共鸣，从而也会出现一些不良的情绪，影响大脑的思维。而且，为了不能改变的事情抱怨，不但于事无补，反而可能让事情变得更糟。抱怨是遮住办法的墨镜，让我们不思解决办法，停留在已经造成的损失上。

1814 年，他出生在德国法兰克福的一个富豪家庭，在那里度过了无忧无虑的少年时代。没想到，1833 年，因政治迫害，他的家族不得不逃到瑞士。家道中落后，他饱尝了生活的艰辛，脾气也变得十分暴躁。

有一天，他路过一块农田，这里刚刚被洪水侵袭，已经长成的庄稼遭到了严重的破坏。他触景生情，联想到了自己的命运，更觉伤感。这时，他看见远处有一个农民还在劳作，便心生好奇：庄稼已经成这样了，他还在忙什么？走近以后，他发现那个农民正在补种庄稼，干得非常卖力，脸上看不到一点沮丧的神情。

他问："庄稼被毁掉了，你难道一点也不生气吗?"农民回答："抱怨是没有一点效果的，那样只会使事情变得更糟糕。这都是上帝的安排，您看，洪水虽毁坏了我的庄稼，却带来了丰富的养料，我敢保证今年一定是个丰收年。"说完，农民哈哈大笑起来。

农民质朴的话让他非常震惊。他对农民深深地鞠了一躬，觉得心中的郁闷与不快瞬间全都烟消云散了。后来，他成了一名药剂师助理，并且喜欢上了所从事的工作。在当时，没有专门给婴儿食用的奶制品，婴儿死亡率很高，他开始研究可以减少婴儿死亡的奶制品。在研制的过程中，无论经历多少次失败，他都不抱怨也不生气，而是以更积极的心态投入到研究中去。

1867年他成立了自己的食品公司，公司的主打产品是一种将牛奶与麦粉科学地混合而成的婴儿奶麦粉，从此，开创了公司辉煌的百年历程。那个年轻人就是亨利·内斯特莱，他所创立的公司叫雀巢。

无论在生活中还是工作中，都存在着一些我们无法改变的事情，例如：家境、父母的类型、同事的类型、上司的类型、工作的强度……抱怨使人思想肤浅、心胸狭窄，使你与公司的理念格格不入，更使自己的发展道路越走越窄，最后一事无成，所以说，抱怨的最大受害者是自己。

如果发现自己最近总是看什么都不顺眼，干什么都不顺心，工作上简直是一团糟，嘴里不自觉地说着抱怨的话，那么，请审视一下自己。抱怨不如改变，既然有些客观条件我们无法改变，至少可以改变自己的态度。

1. 停止抱怨，经常反思自己

问问自己：我为什么要抱怨？我从抱怨中得到了什么？我自己有什么地方需要改进？有没有什么方法可以解决问题？有没有赞美或表扬过别人？有没有检讨自己？有没有为自己得到的而感恩？一味地抱怨会使人的思想摇摆不定，进而在工作上敷衍了事。因此，我们每日要积极地、不断地反思来改变自己，用积极的心态对待工作中的“磨难”。“与其诅咒黑暗，不如点亮蜡烛”，只有行动，才能抓住属于自己的东西。

2. 把困难当成挑战，把郁闷消沉的时间用来提高自身能力

有能力走遍天下，无能力寸步难行。对于员工来说，重要的不是公司，也不是职位，而是个人能力和让人信服的业绩。所以，与其抱怨，还不如全身心地投入到工作中去，为更好地提升自身素质和完成工作而努力。

3. 与其抱怨别人，不如改变自己

不得不说，在工作、生活中的确有让我们无法理解的人群。他们可能凡事推诿、可能是个长舌妇、可能嫉贤妒能、可能阳奉阴违……然而，这些是我们无法改变的。所以，与其去指责别人，不如想想用什么方法可以与这些人共事。而且，人无完人，你看不惯的人也许有他们的优点，多考虑别人的优点有助于调节自己的心态。

4. 同样是说话，与其抱怨不如提出建设性的意见

抱怨也有一点好处，就是如果你在抱怨，说明你已经知道了问题之所在。只不过因为不被重视或者不够主动，所以只能抱怨。那么，不如积极

地寻找解决的办法，积极地跟相关的人沟通。只要就事论事，方法得体，被他人接纳的可能性还是很大的。

5. 不要站在自己的小圈子里想问题，而是要以老板的心态工作

之所以我们和他人的想法差距很大，其中一个原因可能是你们站立的角度不同。你要站在对方的角度思考问题，才可能得出双方都同意的结论和方法。在公司里，如果你以老板的心态来工作，就会站在全局的角度来思考，你就会从中找到最佳工作方法，会把工作做得更出色。以这种心态进行工作，你就不会拒绝上司安排的任务，你会认为这是表现和锻炼自己工作能力的一次机会。

6. 不要瞧不起自己的工作，也不要盲目地羡慕他人的工作，没有卑微的工作，只有卑微的态度

每个工作都有它的价值所在，工作没有高低贵贱，只有做得好或者不好。即使处于平凡的岗位，只要你通过自己的努力，把平凡的工作做得无与伦比，就可以跨越平凡成为精英。当然，如果经过缜密的思考发现这份工作并不适合你，或者这份工作有可以提升的空间，那的确要努力争取更好的发展。不过，只要你还在做着手头上的事，就要以它为重。

7. 思路决定出路，脑袋决定口袋

成功人士都有一个共通点：从来不会为了解释事情的结果而编造借口。无论结果如何，他们都能积极寻找下一步的方向。有什么样的思路，就有什么样的出路，你做出什么样的思考，就有什么样的收入。所以我们必须打破墨守成规的思维定式，积极转变自己的思路，才能保证不被淘

汰。创造性的思维是保持自身主动性的必要条件。

如果你再听到自己抱怨：找不到工作，生活无聊；孩子不好好学习；上班无趣、公司不好、管理不善、氛围糟糕；工资少、环境差、任务重、压力大、经常加班、没有奖金、缺少福利；这事不归我负责，这个市场很难做，所以业绩也只有这么点……就开始反思一下，这些抱怨反映出你遇到了什么问题，怎样面对才是最好的。

活得真实，就是最大的幸福

杨安疗愈 在大家眼中活得很幸福的人，无一例外都是活得真实的人。一个没有自我的人，很容易陷入混沌状态。当我们将心囚禁，依然能够体会到一阵阵“失败”的痛苦，因为灵魂总能敏锐地感受到深刻的困境。

当我们为自己的不幸福黯然神伤时，当我们羡慕婴儿的随遇而安时，当我们觉得肩上已担负了太多的责任时，当我们脸上的肌肉不得不挤出笑容时，是不是觉得我们已经失去了自我？就像玫瑰如果没有刺就不再是玫瑰；山羊如果没有角就不再是山羊一样，一个没有自我的人，当然会陷入混沌状态。很多人只是因为环境的限制，被迫做着别人眼中“自己”应该的样子，而不是活出真实的自己。

在大家眼中活得很幸福的人，无一例外都是活得真实的人。

史湘云是《红楼梦》中颇受大家喜欢的人物，因为她活得最真实、最透明。张爱玲曾说《红楼梦》里面，美女如云，最让人不能释怀的就是返璞归真的史湘云了。大观园中每个人都在为外在而活，宝钗为了将来，黛玉为了爱情，凤姐为了权势，而湘云为了什么呢？她只是快乐而真实地过着每一天。

很多时候，为了让别人对自己产生好印象，为了不被别人说闲话，我们千方百计地掩饰自己，不敢说、不敢做，完全按照别人的意愿来“规范”自己的言行举止。一句话，整天为了博得别人的好评而过日子。人可以没有钱，可以没有享受，但如果虚假地活着，便彻底失去了人生的真味。“真”是这个世界上可贵的品质之一。除去伪装，呈现真实的自己，需要勇气。唯有体现真实的自己，才能具有让别人羡慕、信服的魅力。

1. 活得真实，是一种对生命的挑战

拥抱真实，并不是一件容易的事。在凡尘的纠缠中，我们难以自拔；压力层层，我们无力减缓。在喧嚣中，我们习惯了心怀应对的技巧，以傲然的态度掩饰卑微的内心，以蛮横的态度蒙蔽脆弱的意志。

然而，心灵困境从未改变。当我们将心囚禁，依然能够体会到一阵阵“失败”的痛苦，因为灵魂总能敏锐地感受到深刻的困境。到了该关注自己真实内心的时候了。生活中每一次对真实的履践，都会令我们不由自主地萌生对自己心灵的感动，生命也由此获得一次痛快的呼吸。生命的成长本来就是这样简单与纯粹，所有复杂皆出自人为。

2. 活得真实，是人格中的一抹亮色

真实的东西，虽然不能使人陶醉，却能令人信服；虽然没有耀眼的光环，却能保持长久；虚假的东西使人痛恨，却又不能使人拒绝；虽然能够

光彩一时，但终究是短暂的。在不影响他人的前提下，尽可能地保持真实是一种自爱。在心灵的自语中，尽可以厌恶你的厌恶，崇拜你的崇拜。世味之浓淡无须迎合，粉饰于耳目到底是虚荣。只把真实坚持为一种活着的原则，才能让心灵散发出灵性的光芒。

3. 活得真实，是正视自己的处境和能力，正视自己的不足

或多或少地，我们习惯了给自己戴上一副面具，或披上一件彩衣，以此来掩饰自己的某些不足或缺陷，企图达到引人注目、受人敬仰的目的。有的人，明明自己胸无点墨，却总爱高谈阔论；明明生活不甚富裕，却总爱摆阔气；明明能力有限，却总爱吹嘘自己如何神通广大；明明素质很差，却总爱装腔作势，冒充绅士；明明自己毛病满身，却总爱挑剔别人；明明身体上有缺陷，却总是费尽心机地去掩饰，如同阿Q一样，总想掩藏自己头上的癞疮疤，以至于别人说“光”“亮”“灯”他都会心虚。其实，任何谎言都不会持续太久，害怕被揭穿的恐惧，只能使自己永远处于惊慌和煎熬之中。

在塑造虚假自己的表象下，暴露出的是内心的自卑和无知。也许这样做只是为了获得他人的爱戴，却往往让自己陷入相反的境地。缥缈的烟雾，就算再浓也会散去；虚无的海市蜃楼，就算再美也会消失。虚伪，就如同大雪覆盖下的荒原，春天到来，冰雪融化，也长不出满眼的春色。而真实，就如同冬天里的大山、河床、树木、花草，虽然荒凉、干枯，但春风吹来，便会是青山绿水、花红树绿，一派盎然生机。

4. 活得真实，才能感染他人，才能受到尊重，才能真正被他人接纳

人们往往会接受一个有缺憾的人，却打心眼里反感故作完美的人。真

实，虽然有缺憾，但靠得住；真实，虽然有点傻，但信得过；真实，虽然有些愚，但能服众。真实，是真真切切、实实在在的，也是最能感动人、吸引人的。我们常常会为某部小说、某篇文章或某部电影、电视剧感动，就是因为它真实地再现了我们的生活。

5. 活得真实，就要善于表达自己，敢于做自己

要勇于表达自己内心的真实想法，要敢于说“不”。每个人都有支配自己的权力，绝大多数人也会尊重他人的这种权力。这样做，还可以使我们摆脱许多烦恼和纠缠。

6. 活得真实，便是抛却浮华，不以物喜，不以己悲

做真实的自己就是做一个自己喜欢的人，不要做乞讨别人欢心的自己；做一个轻松自如，悠闲自得的自己，不要做一个压抑的自己。不要在别人的议论中迷失自己；不要在别人的怀疑中放弃自己；不要在别人的嘲弄中失去自己；不要在别人的指责中毁灭自己；不要在别人的赞美中忘掉自己；不要在别人的讨好中沉迷自己。

7. 活得真实，便要看清自己的需求，看清要达到目标所需付出的努力

有的人听到他人成功的故事，看到周围的人获得成功，便羡慕不已，或空谈理想，或假装嗤之以鼻，认为别人是用了什么非常手段才获得成功的。有的人只看见别人成功时的荣耀，却体会不到过程的艰辛，所以会产生错觉，以为遍地机会唾手可得。成功的机会确实很多，但并非人人都能抓住。因为每一次机会的实现，都有赖于大量的前期准备工作。而许多人往往意识不到这一点，不从提高自身素质入手来改变自己。

每个人最了解的应该是自己，但现实往往不是这样，我们最不了解的可能是自己。其实，不了解自己的人也难以从根本上了解别人，那么自然也就无法发挥出全部的力量走向成功，也无法从他人的成功中吸取经验，成就自己。

只有真实地面对自己，真实地看待世界，才能给自己和身边的人带来幸福。

第三章

且思且行，在学习与自我接纳中慢慢成长

柏拉图说："思考是灵魂的自我谈话。"在人生的旅途中，思考有着不可忽视的作用。有了思考，就会认识到自己的不足，激发出学习的愿望。有了思考，才能客观看待自己，接纳真实的自我，在信任中获得成长。

发现存在于内心深处的敌人

杨安疗愈　有些观念，会给自我成长造成不小的副作用。这些观念就是我们需要面对的敌人。这些来自心灵深处的敌人，似乎从来没有被打败的时候，它们总是在引诱我们，拨弄我们的心弦，让我们在不知不觉中走向深渊。

有句话这样说：人最大的敌人其实是自己。人的内心深处，就是由你过去的记忆和想法经过中和后留下的一些感念。生命存在得越久，它就藏得越深，很难清晰发觉。有些观念，会给自我成长造成不小的副作用。这些观念就是我们需要面对的敌人。这些敌人的名字叫"寂寞、贪婪、嫉妒、自私、懦弱、欲望"……当我们产生这样的想法时，就是遇到了阻碍自己前进的敌人：总是想天上掉馅饼，见不得别人比自己好，凡事总是先为自己考虑，有些事想做却没有勇气去做……这些来自心灵深处的敌人，似乎从来没有被打败的时候，它们总是在引诱我们，拨弄我们的心弦，让我们在不知不觉中走向深渊。

这些有偏差的思维影响行为，错误的行为又影响内心，被污染的内心反过来引导错误的行为。它们互相影响，导致了人生中的各种恶果。如果观念能够得到修正，行为自然端正；行为端正了，内心自然清净。所以，让我们的身心产生一个良性的循环，才能止息无止境的烦恼痛苦。

如果只是勉强将我们的行为改正，而没有修正观念，就像计算机软件程序没有得到修正，其功能也不能改变。观念没有改变，行为就不会有质的改变。如果用约束、用戒律，或种种的条件来束缚，就像将一个罪犯关上几十年，不但不能真正获得生命的自由，也没有消除犯罪的因子。所以，不能只从心灵上或者行为上单方面要求，而要从两方面同时进行修正。

如果我们不能意识到观念的偏差，缺少内省反思的心理，就是在阻止对自己的正确认识。我们层次的局限性、视野的狭隘性、见识的短浅性就会暴露无遗。尽管我们不想承认这一点，但从言语行动中，依然能够看出快乐的层次、痛苦的层次、思想的层次、视野的层次……即使我们故作高雅一时蒙蔽了他人和自己，却也因为不愿承认自己的敌人而失去认识自己、提升自己的机会。

认识到最大的敌人是自己，将是一个不小的挑战。大多数时候，我们不愿意迎接挑战，而将他人看作自己的敌人。

别人的成就只是参照物，别人的人生无论精彩或是失败，也只是你生命中的过客。你超过了他，并不代表你就取得了进步；你没超过他，也并不代表你就没有取得进步。

我们热衷于以他人的不幸和失败来寻找心理平衡，因为我们活得不够自信。我们需要从他人的失败中找回自己、找到自信；需要以征服他人获得快感、找回希望。在武侠小说中，当一个人刚刚学会些三脚猫的功夫，总是喜欢找人比试，显示自己；而真正的高手，一般都深居简出，不屑于同他人比较。或者说，他早已过了到处同他人比较的层次，他需要寻找的是自我突破、自我提升、自我征服。

大多数时候，我们甚至强迫自己同他人比较，因为我们找不到自己的位置。就算明白“内心深处的敌人是自己”这个道理，我们还是会情不自禁地找人比较。因为人并非总是处于一种理性之中，有时也会迷失方向，对自己所处的层次产生不确定的幻觉：或者夜郎自大，过度自信；或者郁郁寡欢，过度自卑；或者浑浑噩噩，缺乏自知。我们需要在与别人的比较中找回自己的位置，而找到自己的位置，也许就是自我提升的契机，让我们有机会向更高层次迈进。因此，如果实在忍不住要比较，请用开放性的视野来看待别人与自己的比较，心态便会相对平和些、理性些。

有的人曾经辉煌过，便始终停留于过去的阴影下，不愿意敞开内心面对现实，结果只能被现在的社会所淘汰；有的人认为自己比别人强百倍，可成就却不如别人，便停留于对自我的吹捧中，内心始终不愿面对那个有缺陷的自己。懂得自我否定是人的可贵品质：在每一次否定中看到自己的局限性；在每一次否定中坚定自己的进步历程；在每一次否定中挑战新的高峰。唯有如此，进而才不会自我蒙蔽，我们才能达到更高的层次。

人内心深处的敌人是自己，所有的心魔也是由内而生。每一次对自己的挑战，都意味着自己内省反思心理的启动，都意味着自己已经意识到了局限性的存在，都意味着自己的层次又上升了一个台阶，这才是真正的进步。

当人无法实现自我突破与提升时，当人无法反思到自己局限性时，这才是最大的不幸。因为这意味着生命已经失去了很大部分的意义——至少对知道了自己局限性的人来说是如此。当然，那些从来不感到悲哀的人，他们的人生也可能就永远停留在那个层次上了。人可贵的是时刻清楚自己的位置，清楚自己的局限性，而同时保留内心的那一份真诚，继续人生的那一份追求。唯有如此，我们才不会沉溺于内心的心魔中，才能活得更充实、更有滋味。

如果我们觉得有什么阻碍了前进的道路，让我们遭受挫折和失败，那很有可能是因为我们不了解内心深处真实的自己，或者是无法战胜自己。因此，我们需要不断地自我反思，在反思中走向进步，在反思中提升层次，在反思中实现梦想。

真的能改变感知的一切吗

杨安疗愈 这世界从某种意义上说，不是“真实”的世界，而是我们感知到的世界。想要了解自己，先要学会管理自己的心，明确所有感知的来源。了解了感知的来源，我们才能对感知进行有效的管理，改变自己的感知。

唐朝大诗人杜甫写道：“感时花溅泪，恨别鸟惊心。”人对周围世界的感知，多半是由心而发，也就是说，我们看到的万事万物的样子，其实和内心的情感有关。当我们伤感时，连花儿仿佛也会流下泪来；当我们为离别伤感时，连鸟儿仿佛也在悲鸣。反过来说，如果我们以高兴的心情看待万事万物，它们也会呈现出快乐的颜色。

如果你心中有这样的念头：我周围的人都不是好人。那么，你看每个人都会带有敌意，很容易制造出对立，制造出让双方都紧张而又压抑的感觉。在这种草木皆兵的情绪中，怎么可能开心得起来？只要面对让你不快的人，这种心结就会出现，纠缠着你，折磨着你。这种敌意，可能让双方关系变得恶劣，也会将自己折磨得心力交瘁。嗔恨如此，贪婪、愚痴、嫉妒莫不如此。

不可否认，人的心理活动不可能在任何时候都是平静的，我们时而开心，时而难过；时而兴奋，时而沮丧；时而宽宏大量，时而斤斤计较；时而充满爱心，时而冷漠无情。正向的和负向的情感在生活中出现的概率几乎是均等的。这并不是一件坏事，正是这些情绪给了我们丰富的人生，塑造了每个人不同的性格。

然而，对外界事物的感知如果发生严重的偏颇，则不但不能塑造性格，反而会给我们的心灵造成恶劣影响，让生活变得混乱不堪。就像生活中随时会制造垃圾一样，我们的言行也会在内心留下痕迹，产生心灵垃圾。如果不加处理，这些贪嗔痴的垃圾非但不会自行降解，还会继续滋生新的问题。

所以，我们要格外重视对外界的感知给心灵带来的影响。有的时候，我们不是活在现实中，而是活在自己的内心世界。我们看到的一切，都已经过情绪的投射，经过已经形成的固有想法的处理。你觉得某人好，看他什么都顺眼；觉得某人不好，看他什么都别扭。这种感觉或许和别人对他们的评价截然相反，为什么？原因就在于，我们在戴着有色眼镜看人，看到的并非客观上的那个人，而是感觉中的那个人。

也就是说，这世界从某种意义上说，不是“真实”的世界，而是我们感知到的世界。在这个热闹非凡的心灵舞台上，各种角色你方唱罢我登场。但我们却从来搞不清，这些心境究竟如何产生，如何活动，如何过渡。想要了解自己，先要学会管理自己的心，明确所有感知的来源。了解了感知的来源，我们才能对感知进行有效的管理，改变自己的感知。

你所感知到的，你所“见”到的，不仅仅是指用眼睛看到的，更是投映在你思想中的。

由于每个人的知见、观念不同，对一切法的抉择也不一样。如对味道的执着：有人喜欢甜的，有人喜欢咸的，有人喜欢酸的，有人喜欢苦的，有人喜欢辣的。那么什么叫好吃？好吃两个字建立在什么基础上？问一百人，就有一百个不同的答案。喜欢的是好吃，不喜欢的就是不好吃，这就是知见的不同带来感知的不同。

所以，万事万物是相对的。有了这种相对，换一个角度看，就能改变我们的知觉。如同“父”与“母”相对，“子女”与“父母”相对，当我们看到“恶”，换一个角度，就能看到“善”；当我们对“果”心怀愤恨，去寻找一下“因”便能坦然释怀。

如果我们不能“见”到事物的两头，不能离两边而行中道，就会执着在一边。结果必然是偏激的感知引起自我情绪的波动，或者自己的看法和他人的看法发生冲突：你认为好的，我不一定认为好；我认为对的，你不一定认为对；我认为这个是真理，他说那个才是真理。所“见”不同自然所“得”也不同。

人跟人之间也是如此，人与人、人与事、人与物都一样，因为对事物的认识不同，所以会产生意见和冲突。可见，观念的差异会引起多么大的问题。所以“见”比“欲”带来的问题更严重。见，在欲之先。见如果正确，欲望也会转化。见的偏差会带来欲望更严重的错位。例如，妻子看老公，如果只看到他早出晚归，不关心孩子，而没有看到他辛苦赚钱养家，就会要求他将更多的注意力放在家庭上，而造成争吵和失落。如果丈夫能够体恤到妻子养育孩子、照顾家庭的不易，就能在不影响工作的情况下将注意力更多地放在家庭上；如果妻子能够体恤到丈夫养家糊口的不易，就能收起怒气，心平气和地说这个家庭需要从另外一个方面得到他的爱。

然而，偏偏大多数时候我们不能够有“中道”的感知，于是产生了各种分歧。人跟人之间的斗争，家庭不和，夫妻离异，都根源于这个知见的问题、观念的问题。

无明就是观念的错误。只有改变对感知的偏执，才能缩小人与人之间的距离，让我们更了解对方，更趋于统一与和谐。如此，开阔了心胸、提高了眼界，心情会随之平静，生活亦会更加顺遂。

生命的过程，即学习的过程

杨安疗愈　学习是一生一世的事情已经毋庸置疑。“终生学习或教育”将成为每个人生存和发展的格调。在学习的路途中还有远大的理想和明确的目标，这样才能一步一个脚印地走向自己的目标。

生活在这个日新月异的时代，人们普遍认识到：知识的更新速度实在是太快了。为了适应飞速发展的今天，我们除了不断学习外，到目前为止没有其他方法。学习是现代人的第一需要，学习是一生一世的事情。

一劳永逸成了我们追忆的精神标本，以不变应万变是一种自慰的神话。对于生存和发展来说，我们最大的心病是一不小心就成了“现代文盲”。

在几十年前，文盲是指不识字的人，现在的文盲是指不会主动探求新知识，不能适应社会需求变化的人。科技的发展以及所带来的文化、经济、教育、家庭生活和人际交往等方面的变化，导致许多功能性文盲。

受过高等教育的人还会被称为文盲？不是危言耸听，这种危险可能就潜伏在你我的身边。

西方白领阶层目前流行这样一条“知识折旧”律：“一年不学习，你所拥有的全部知识就会折旧80%。”

假如有一天，你听不懂“搜索引擎”，不知道“神十”为何物；假如有一天，你面对陌生城市闪烁跳动的触摸式电子问路屏不知所措；假如有一天，你对图书馆的计算机检索系统一脸茫然……也许，你该警惕了：自己是不是正在滑向功能性文盲的行列。

功能性文盲大意指的是那些受过一定的教育，有基本的读、写、算能力，却不能识别现代信息符号，不能利用计算机进行信息交流和管理，无法利用现代化生活设施，很难适应时代社会文化需求的人，它是一个全球性的问题。

时代的变化给学习带来了革命性的变化。为了不使自己成为文盲，唯一切实可行的办法就是时刻保持学习的习惯。掌握信息时代的学习方法是一种生存能力。只有掌握正确的学习方法，学习才能真正对我们有益。今天的学习主要不是记忆大量的知识，而是掌握学习的方法——知道为何学习？从哪里学习？怎样学习？如果一个人在学校没有掌握学习方法，即使他门门功课都很优异，却仍然是一个失败的学习者。因为他不懂得如何自主地学习，也不知道自己究竟需要哪些知识。

日渐成熟的学习化社会，为全体社会成员提供了充裕的学习资源。学习化社会中的个体学习，犹如一个人走进了自助餐厅，你想吃什么，完全可以自主选择，我们完全可以针对自身的切实需求，选择和决定学习什么、从何处学习、怎样学习、以什么样的进度学习等。在生活中学习的理念已经深入人心。现代人的学习将交融于工作和生活之中，其主要的方式是接受培训。

随着知识经济浪潮的席卷而来，简单扼要的“裂变效应”将会导致知识更新速度的不断加快。现代企业都把职员的终生培训当作是企业立于不败之地的公开秘密。谁能够先行做到这一点，谁就将拥有发展的先机。学习是人一生一世的事情已经毋庸置疑。

“终生学习或教育”将成为每个人生存和发展的格调。只有不畏辛苦、坚持不懈，才能让学习成为我们成功路上的助手。

学习的道路如同人生的道路一样，必然不是一帆风顺，而是有许多挫折、困难等待着我们的，所以我们要勇敢地面对困难、挑战困难。知识的海洋宽广无比，我们像一艘小船航行其上，不论遇到暴风骤雨，都要勇往直前，这样就能享受到学习带给我们的成功，体会到攀上高峰的乐趣。

发明地动仪的张衡是我国东汉时期著名的科学家、文学家。他祖父为官清廉，父亲早逝，因此家里很贫穷。张衡从小就很聪明，加上勤奋好学，很早就闻名乡里。他10岁时就“能五经贯六艺”，过目成诵。他兴趣很广泛，除了写得一手好文章，还格外喜欢自然科学。一天，张衡从一本诗集里读到四句诗，描述了北斗星在各个季节傍晚时的变化：“斗柄指东，天下皆春；斗柄指南，天下皆夏；斗柄指西，天下皆秋；斗柄指北，天下皆冬。”小张衡觉得这太有意思了。天上一闪一闪的星星组成不同的星座，有的像箕，有的像斗，有的像狗，又有的像熊，它们的运行各有规律，这简直是太美妙了。

于是张衡根据诗的内容，又参考星座方面的书籍画成了天象图。每夜只要是没有云彩，他就默默地对着天象图仔细观察夜空。神秘的星空、难解的谜题，吸引着追寻知识的张衡。他观察着、记录着、思考着，脑袋里装满了各式各样的问题，充满了五颜六色的幻想。后来，他终于确认那四句诗里描述得不准确，事实上斗柄早春时指向东北，暮春时指向东南。就这样，张衡每每乐在其中，终于成长为著名的天文学家。

学习不是一蹴而就的事情，要想学有所成，必须有不怕困难、永不言败的精神和从不间断的努力。著名科学家爱迪生曾说过："天才就是1%的灵感加上99%的汗水，但那1%的灵感是最重要的，甚至比那99%的汗水都要重要。"即使有再高的天赋，如果不刻苦学习，也无法成为天才；而即使天资平庸，只要肯下功夫，也会无限接近天才。所谓"勤能补拙"就是这个道理。"一分耕耘一分收获"，只要我们肯付出汗水付出努力，那么我们会从学习中得到最大的快乐。没有人一出生就是天才，我们所敬仰的成功人士都是经过勤奋的努力，才得以成功的。所以，不要坐等突然变成天才，而要点燃自己的力量之火、点亮学习的目标。

在学习的路途中还要有远大的理想和明确的目标。这样才能一步一个脚印地走向自己的目标。在学习的道路上，只要具备了坚强的毅力、远大的理想、明确的目标、坚定的信念、顽强的意志，就能走向成功之路。没有永远的失败，也没有永远的成功，只有永远的学习。

"自我"与"自己"

杨安疗愈 我们为了自己所作出的行为，都来自自我认识的推动。有什么样的自我认识，就会推动自己怎样行动。只有正确地自我认识，才能正确地提出对自己的要求，从而使自我教育走上健康的道路。

自我就是内心深处的自己，真实的自己，毫不掩饰的自己。自我是指个人有意识的部分，通俗地讲，就是自己的个性、喜好、观点，也指自己反思后纯净公正的内心世界。

自我是人格的心理组成部分，它在自身和其环境中进行调节。要找到"自我"，首先要感知与认识自己。

正确认识自己并不容易，然而一个人能否正确认识自己是非常重要的。因为人怎样认识自己，就会怎样要求自己，就会按自己认定的角色去生活。

最开始的时候，我们往往是根据他人的评价来认识自己的。可是这些来自亲身实践和众多他人的评价，有时相同、相似，而有时又不同，甚至完全相反。这些互相矛盾的评价，将激发人们思考，促使人不断地比较、分析、推理和判断，这是一个曲折、复杂的过程。不过，只有反复进行这一过程，人们才能得到比较客观的自我认识。即使如此，仍然不能保证都是正确的。一般来说，自我认识是否正确，要看自己的心理品质和周围环境条件如何。

正确的自我认识，是对自己进行正确教育的前提。

我们为了自己所作出的行为，都来自自我认识的推动。有什么样的自我认识，就会推动自己怎样行动。如果对自己认识不正确，自卑或自傲，都不能为自己的发展提供一个真实的客观基础。只有正确的自我认识，才能正确地提出对自己的要求，从而使自我教育走上健康的道路。

设想一下，一个觉得自己很优秀的学生和一个自认为不可救药的学生，他们对自己的要求肯定是不同的。也就是说，根据这样的要求，他们会对自己进行不同的自我教育。如果把自我教育过程比作一个螺旋上升的链条，那么自我评价就是具有特殊意义的一环。这一环将决定自我教育过程在进入下一周期时驶入哪一个轨道。

对自我的正确认识，可以指导自己的实践与行动，促进自我反思和理智的形成。

俗话说，“实践是检验一切真理的标准”，自我践行是自我教育中最关键的一环。任何认知与判断如果脱离了现实，都将走上偏颇的道路。要顺利实现目标，就要在实践中对自己的能力进行综合把握。要不断地对自我践行过程进行协调与思考，对出现的情况加以判断，看看哪些和原来预想的设计有了出入，有了偏差，分析一下造成出入与偏差的原因是什么，准备如何解决……强烈的自我教育的动机，美好的自我教育的目标和周密的自我教育的计划，都要在实实在在的实践中接受考验，取得发展。

“自我认知”是对自己的言行进行调节的基础。

人的言行不可能随时都是正确的，需要根据实践的反馈进行调节。自我教育的过程和任何事情一样，遇到的现实情况往往与预期的不同，这时就需要进行调节。人们通常会出现两种极端表现：一种是固执地丝毫不考虑调节，误以为这是自己意志坚定的体现。还有一种人，则是轻率地、频繁地进行调节。只要前方稍有障碍，就觉得“此路不通”，重打鼓另开张，用自我调节的借口来掩盖意志力的薄弱。

自我价值的准确认定，可以在很大程度上确定自己的价值观。

人的评价是有标准的。每当做完一件事后，都会自觉不自觉地用这个标准量一量，问一下“值不值”，这就是价值。然而，这把尺子并不是不变的，不但每一个人用的尺子可能不同，即使同一个人，自己用的尺子也会发生变化。这个尺子就是“价值观”。

价值观是在长期实践生活中形成的，如欲望、动机、兴趣、爱好、情绪、情感等是较低层次的价值意识，而信念、信仰和理想则是较高层次的价值意识，经过思维的长期沉淀之后，就成为对人影响极大的价值观了。

重新审视自己，如果发现对自我的认识不正确，就需要重新认识自己。

在实践的过程中，我们的价值意识会有改动，有助于我们重新认识自己。这时，就会发现自己过去的想法和做法上的问题，或者对不求上进的心态感到羞愧；或者不再“自我感觉良好”。于是，会对自己提出新的要求，走上一个健康的自我教育的道路。

发现真心快乐的自己

杨安疗愈 寻找快乐的源泉，也是送给自己的礼物。因为一个人快乐的心境可以影响自身的思维和行为。许多在竞争中脱颖而出的人都认为，自己的成功得益于一直以来过着快乐而充实的生活。

快乐是什么？对于这个问题每个人的答案都是不同的，然而，有一些快乐是人所共有的。从心理学的角度看，快乐是一种健康、平和的心态，是让我们以积极乐观的心态看人看事，正确看待贫富、困难、挫折和逆境等生活中常见的一系列问题。

快乐基本上要满足以下几个指标：对生活满意，情绪平衡，拥有好的生活品质，有乐观的态度，有心理幸福感，拥有强烈的自尊，内在需求得到一定程度上的满足。

当然，这些指标想要全部达到是很难的，生活中也不可能缺少让我们感到不快的事情。然而，快乐是为了自己；发现真正快乐的自己，是对自己的爱的表达。

寻找快乐的源泉，也是送给自己的礼物。因为一个人快乐的心境可以影响自身的思维和行为。许多在竞争中脱颖而出的人都认为，自己的成功得益于一直以来过着快乐而充实的生活。人生的各种比拼，比到最后，就是在比心理素质；拼到最后，拼的就是心态。快乐能使我们更强大。只有真正快乐的人才有勇气面对人生的各种挑战，在得与失之间找到属于自己的位置。

到底做些什么可以让自己真心快乐呢？把希望放在他人身上，提出各种要求显然是不现实的，那么不妨从自己能做到的入手吧。

1. 兴趣广泛、学习自己感兴趣的多种领域

有人会纳闷：学习是不是很辛苦的事吗，怎么会感到快乐呢？其实只要方法正确学习就能给我们带来快乐。试想，一个孩子学走路、学说话是不是感觉很快乐？当我们在学习中解决了一个个难题，学会了滑雪、插花等自己一向很憧憬的事情，是不是也感觉到了无名的快乐？现在就去满足一下自己的喜好吧。

2. 提高自尊心和自我价值感

人是有社会属性的，当我们感到自己有能力处理工作、生活中的事情时，感觉自己是有存在的价值的，就会产生自我满足感，从而以更阳光的心态投入社会中。所以要不断加强自己的能力，以满足自我成就感。

3. 在工作上有所得，有所突破

一般来说，人的归属感一半来自家庭，一半来自社会。对于大多数人来说，工作场所就是他的小社会。在工作上有出色的表现，自然会带给自己社会归属感。就像孩子拼装好一辆 DIY 玩具汽车会欢呼雀跃一样，完成任务的喜悦将冲淡之前付出的所有艰辛。而且，工作能力的提高会带来物质上的满足，这也能让我们感到快乐。毕竟，金钱是人们感到快乐的一个重要部分。

4. 保持身心健康，是一切快乐的基础

这一点想必大家都深有体会。在平时，哪怕是小小的牙疼，都会让我们心情烦躁、非常痛苦；哪怕是因为一件小事而愤怒，也会让我们半天笑

不出来。所以，多做一些让自己身心快乐的事吧。

5. 和亲朋好友之间有和谐的人际关系

虽然人的情绪不应该受他人所左右，但实际上我们感到快乐与否，和他人对我们的态度有很大的关系。很难想象一个到处都不受人欢迎的人会感到快乐。所以，为自己的亲人和好友付出一些精力是值得的。只有他人真正感受到你带来的快乐，才能给你以相同的回报。

当然，并不是所有人都能理解我们、都能与我们站在同一个角度思考问题。这就需要我们懂得沟通的技巧，同时善于原谅他人。无论对别人心中怨恨，还是作出对别人不利的事情，都会让我们心生不快或者产生疯狂的不真实的快乐。因为记恨是生病的主因，气苦的心才会有痛苦的身体。大多数时候，随着我们心态的改变，别人也会发生改变。

6. 能保持自主、独立，能在一定程度上控制自己的行为而不受外力因素的干扰

一个感觉到自己只能听凭命运摆布而无法掌控自己生命的人，自然没有幸福感，不会感到快乐。生活中遇到不顺和挫折是难免的，不要一遇到不幸就觉得这是自己无法摆脱的命运，从而抹杀自己快乐的权力。生活着的每一天，努力让自己成为生命航船的舵手，不被他人的言论和态度所左右，不为工作的烦恼所左右……完成对自我的控制与实现。

林肯说过："人的快乐的程度多半是由自己决定的。"一个人在想什么是别人无法控制的事，因此，快乐的感觉操纵在自己的手里，别人不可能把思想硬灌输给我们。要寻找快乐，必须专心去思考快乐的事。快乐是不那么好得到的东西。有时，它是作为对人生的挑战，需要全部的决心、毅力、自制力。成熟代表为自己的快乐负责。把注意力放在已经拥有的一

切，而不要放在没有得到的东西上。记住，你是自己的思想的主宰。

7. 懂得宠爱自己，多发现生活中的感动

遇到一些不能解决的事情，或者无法控制和改变的事情，与其让自己生气，还不如让自己充实地过好每一分钟，学会享受生命中小小的感动：推开窗，呼吸清晨的新鲜空气，放松全身，想象自己是一个快乐的小天使；选择一个空气清新、安静舒适的地方，以舒展的姿势站、坐或躺下，静静地感受时光流过；看着一朵花、一点烛光或任何一件柔和美好的东西，细心观察它的细微之处；点燃一些香料，微微呼吸它散发的芳香；闭上眼睛，想象一些恬静美好的景物，如蓝色的海水、金黄色的沙滩、悠然的白云等。

8. 转移注意力，做一些自己比较喜爱的活动

平时要多培养自己的爱好。比如游泳、收藏、旅游、读书、听音乐、下棋、钓鱼、画画、洗热水澡、逛街购物、体育运动、看电视等。当你的注意力都投入到爱好中，就会少想一些烦心事；而且，爱好也会给我们带来成就感。喜欢养花的人，看到花儿开了会快乐；喜欢旅游的人，看到沿途美丽的风景、感受到淳朴的民风会快乐……全身心投入的过程，既能增长知识，又能广泛交友。在偶遇心境不佳时，这种兴趣活动也能起到化解作用。

9. 保持一颗童心，以乐观积极的态度面对生活

随着年龄的增长，人们容易产生“看破红尘”的感觉，好像对什么都不感兴趣。如果仍保持一颗童心，对任何事物都有一种好奇，不论对知识更新，还是对身心健康都有好处。尽管有的时候，理智告诉我们，这个世

界充满让人不满、不快的各种现象，然而这并不妨碍我们选择以单纯的童心看世界。内心的负担减轻了，自然不会觉得沉重。在轻松的氛围中，幽默感就会显现。在同事、朋友乃至家人中，说话时适当地采用幽默语言，对活跃气氛、融洽关系都非常有益。在一阵会心的笑声中，大家心情都会特别好。当你烦恼时，也可以看看幽默画、幽默小说、幽默节目、喜剧影片、听听相声等，自然会忘却烦恼，开怀大笑。

朝着自我人生价值的方向前行

杨安疗愈　由于受到环境因素的影响，人们的价值观并不同，故而对价值的诠释也各有差异。通常来讲，人的价值实际上就是人所具有的能力，以及这种能力最终所产生的效果。

生活在这个世界上的每一个生命都有自己的价值。那么，什么是价值？我们的价值是从哪里体现出来的，如何实现自己的人生价值呢？

由于受到环境因素的影响，人们的价值观并不同，故而对价值的诠释也各有差异。普通百姓的价值一般体现在：惠及家族，泽被乡邻。旷世伟人的价值有可能体现在：拯救一个国家，造福于广大民众。

有人认为，物质基础雄厚了，生存质量相应提高了，就是自身价值的体现；也有人认为，物质水平的高低并不重要，人的价值关键在于精神方面，即某种非物质愿望的达成，或某种精神需求的满足。有这种追求的往往是政治家、军事家、艺术家、宗教人士等。

这种与文化素养、道德品质相联系的价值观，是人类特有的属性，也从本质上将人类区别于其他生物。

人类逐渐脱离原始的兽性，过渡到文明阶段时，才开始知荣辱，晓利害，明事理，辨真伪，甄别是非曲直；才开始依据自然规律耕耘收获，创造发明出各种器物；才开始制定律法，制裁犯罪分子，保障社会安宁；才开始让人的自然属性从属于社会属性。这种革命性的蜕变和升华，使人类最终走向与其他物种彻底分离的至高无上的伟大殿堂。

千百年的人类演变史说明：人的价值实际上就是人所具有的能力，以及这种能力最终所产生的效果。一句话，人的价值是社会关系的产物，是人类在群体活动中思想行为的客观反映。

人的价值观并不是孤立存在的，而是在对比中形成的，是针对自身以外的其他客体而言的。也就是说，甲的价值不是孤立存在的，只有通过对乙和丙所产生的作用才能充分体现出来。

人类的价值很大程度上体现在对后天环境的改造。

如果所有的幸福都是现成的，反而不容易体现出某个人的价值。人类的价值并不在于某个个体本身所具备的条件如何优越，重要的因素取决于他对别人所发挥的积极作用有多大。人的先天素质是因，后天行为是果，价值与其所产生的作用是成正比的。他给别人带来的益处越大，他的价值也就越大。

莉丝·默里出生在一个苦难的家庭。在她很小的时候，父母就染上了毒瘾。每个月的前六七天，父母就会把救济金花完。母亲就会到酒吧里设法弄到几美元，然后和父亲一起用这些钱买毒品。母亲说，她吸毒是为了麻痹自己，忘记童年的悲惨遭遇。每天都有饭吃，对她和妹妹来说都是奢望。

有一次，她偷了奶奶寄来的5美元，想去买糖果吃。可是被母亲发现了藏钱的地方，还是拿了钱去买毒品了。莉丝非常愤怒，用很难听的话责骂母亲，然后她看到母亲痛哭流涕地向她承认错误，让她原谅自己，因为母亲控制不了吸毒的念头。莉丝当然原谅了母亲。

因为家中常常入不敷出，小小年纪的莉丝就要面对生活的艰难。她也只能向周围的朋友们求救，时不时地去朋友家里问：我需要地方住，您能给我一盘吃的吗？还有毯子可以吗？我是否可以用一下淋浴？您是否还有多余的食物？有时候她会听到朋友因为她的问题和父母发生争吵；有时候她会被朋友的父母礼貌地请出来……这样的生活让小莉丝极度缺乏安全感，总是害怕有一天所有的朋友都不帮助她了。为了平衡自己的心理，她早早地就学会了不贪求别人的爱和关怀。

长大后，莉丝一边打工一边上学。她总是能赚到比别人更多的钱。她自己说："我成功赚钱的原因很简单：我不仅经常挨饿，而且没有假期。"在富有的人居住的社区里打工时，她打心眼里羡慕那些在绿树成荫的街道上骑车的孩童们；她喜欢从富人的房屋里吹出来的空调的冷风。对于美好生活的渴望，深深激励着她。终于有一天，她为自己定下了一个伟大的目标——走出贫民窟，那个她出生的地方。尽管她无处可住，多年来又未正正经经地上过学，但是在 17 岁时，她发誓要成为一个优等生，并且要求自己在两年内完成高中教育。在 18 岁那一年，因为不能再受到儿童福利机构的关照，她写信申请《纽约时报》的奖学金。在面谈的场合中，她平静地将自己悲惨的生活讲述了出来：8 岁开始乞讨，15 岁时母亲死于艾滋病，父亲进入收容所，从此流落街头。为了改变自己的命运，她用两年的时间完成了 4 年的课程。最后，她发自内心地说："嗯，我需要奖学金，我真的很需要。"在场的所有评委都露出了同情的、苦涩的笑容。她赢得了《纽约时报》的一等奖学金。不久，她以全优的成绩考上了哈佛。如今，她成为了著名的演说家，在全球各地发表演说，激励人们跨越困境去追寻心中的梦想。

生活给了小莉丝无尽的磨难，但她却从中得到了顿悟：我可以选择努力为自己创造一种生活，这种生活绝对不会被我的过去所束缚。无论现在发生什么，将来发生什么，我的生活绝对不会被外部条件所控制。虽然我不能把朋友们从他们不幸的家庭中拯救出来，但是，我可以保留那份友谊；虽然我不能改变我的家人，但我可以原谅他们、爱他们。我会一如既往地一步一步向前。我非常肯定一件事：不管是无家可归的流浪汉还是商务人士，不管是医生还是老师，不管背景如何，只有当我们赋予生命意义的时候，生命才有了意义。

莉丝·默里的故事的确能让很多人理解到“价值”的真义。价值的体现离不开主观、客观两种因素，也就是说，人的价值只有经过主观努力，而后在客观实践中才能真正体现出来。

在顺境的时候，价值是指人们在某一领域或岗位出类拔萃、有所作为；在逆境的时候，价值是指不畏曲折、勇敢面对。人，如何才能实现自己的人生价值呢？

（1）寻找自我潜能中优秀的部分。只有好的因，方能结出好的果，打铁还需自身硬，有本事走遍天下，无能耐寸步难行。我们只有发挥潜能，加强专业知识的学习，掌握方法和本领，确立正确的人生观和合理的发展方向，才能为实现人生价值奠定良好的基础。

（2）正确地认识自己。以良好的心态面对自己，做自己力所能及的事，不自高自大，也不妄自菲薄。

（3）要有恒心、有毅力。力戒浮躁浅薄，欲战胜困难首先要战胜自己。

（4）虚心感受生命中的一切。学会跟随，学会聆听，尊重他人，谦虚谨慎，先当学生，后当先生。

（5）有清晰的思路，具有一定的自我掌控能力。要头脑清楚，意志坚定，不可人云亦云，随波逐流。

（6）吃得苦中苦，方为人上人。要想将自身的价值展露无遗，就必须要能吃苦；不能吃苦，难成大器。要耐得住寂寞，经得起考验。

人生的价值不是单纯的自我满足和自我享受，它有着更丰富的内涵。在“人生的价值”这个温馨和谐的大家庭中，还住着爱、真理、责任、正义、宽容、仁慈、友善、热情、奉献——它们都是最亲近的成员。对于价值的向往和追求，是寒冬的一盆火，是黑夜的一盏灯，是炎炎烈日下的一片绿荫。

第四章

莫让昨日的不幸照进今日的时空

不幸与痛苦，仿佛是上帝派来特意和人们作对的一样。它们不但会突如其来，还会像一声惊雷一样，打到遇到它的人。没有人能避开，没有人能幸免；总有那么一个时候，它会来临。如何面对它，从古至今，很多人已经给出了我们答案。现在，该是我们寻找自己生命答案的时候了。

哪里的天空不下雨，谁的人生没有过痛苦

杨安疗愈　人生伴随着痛苦，与其排斥，不如接纳。心理学中有这样一句话："最大的痛苦是逃避痛苦。""痛苦"本身并不会让我们陷入痛苦的感觉，千方百计不接受它、逃避它，才真正让我们痛苦。

心理学中有这样一句话："最大的痛苦是逃避痛苦。""痛苦"本身并不会让我们陷入痛苦的感觉，千方百计不接受它、逃避它，才真正让我们痛苦。痛苦这种知觉可以说是与人类共存的，既然我们能接受欢笑、愉快，为什么就不能以同样的心接受痛苦呢？要知道，如果没有痛苦，何来快乐？痛苦就像其他的感受一般，是每个人都需要经历的。那么，与其陷入痛苦，不如以勇敢的心迎接痛苦。

每个人都是凡夫俗子。我们都有欲望、有邪念、有叛逆；我们也会犯

错、会后悔、会爱、会恨……既然我们生活了，就难免有感到痛苦的时候。

1. 有些痛苦，来自于过往

曾经的拥有，会带来痛苦；难以忘怀的记忆，可能藏着痛苦；无奈与失落，在诉说着痛苦；就连幸福，也常常是由痛苦推动的。幸福和痛苦往往只隔着一层透明的玻璃纸。那些走过的路，做过的事，还有爱过的人……都有可能在逝去的昨天形成痛苦。然而往事不能重来，时光无法倒流，我们只能接纳它们是自己生命的一部分。所以，当幸福炙手可热的时候，多一份冷静吧；当痛苦将心灵结上一层坚冰的时候，也不要失去热情。不要回避真挚的痛苦，品尝过伤痛的心灵，才会拥有高层次的幸福。

2. 有些痛苦，来自于家庭

当一个人真正走进婚姻的时候，会发现婚姻比幻想的色彩要单调许多；而当你真正飞出来的时候，又会感到一种说不出的滋味，一种难言的伤痛。那个你曾经很爱的人，也许会在你意想不到时将你遗弃。面对这种无可预料的打击，我们会不知所措。可是，接纳也许是让自己脱离痛苦最快的方法。要理解那个你曾经深爱现在又伤害了你的人也是凡人。他会有凡人的自私，还有背叛，因为他想到的只是如何去保护自己。

既然曾经爱过他，何妨爱他所有的一切。包括爱他的爱、爱他的恨、爱他给你的伤痛、爱他给你的无助……不是我们太伟大，而是生活中的我们都太无奈。人何其渺小，人生何其短暂，即使计较，又能挽回吗？即使思虑，又能减少痛苦吗？面对情感的世界，人人都是弱者。

3. 有些痛苦，来自于他人

不可否认的是，每个人都是刺猬，在无意之中，既会给他人带来痛苦，也会因他人而痛苦。不管这份痛苦让你多么怀疑自己的价值，请记得，一个人只要看重自己即可。

无法行走的作家史铁生说：20 世纪最大的一件事，就是他来到这个世界，于是一切才随他发生。在每个人的生活中，我们自己才是主角，周围的世界因我们而存在。大部分的时候，我们有选择的权利和余地。即使面对的是一场伤痛，也要记得你才是主角，而那个给你伤痛的人，在陪你演绎伤痛的配角，这个配角也是你曾经选择的。

所以，慢慢地学会和痛苦所带来的各种负面情绪告别吧。别再恨、别再怨、别再怪、别再懊悔，即使痛彻心扉、即使痛苦流泪，也选择一个合适的机会让自己走出阴影吧。正因为我们爱过、恨过、痛过、苦过……所以我们勇敢地和伤痛告别。

无论出于何种原因的痛苦，它都不会只来到你的面前。将自己的痛苦和他人的痛苦比较，你会发现原本你看到的别人的幸福背后，可能也埋藏着痛苦。

> 一个残疾人在向上帝祈祷时，经常诉说残缺的身体给他带来的痛苦。上帝就给残疾人介绍了一个刚刚升上天堂的人。他对残疾人说：“珍惜吧，至少你还活着。”
>
> 一位官场失意的人来到天堂找到上帝，诉说庸庸碌碌的一生让他感到痛苦。上帝就将残疾人介绍给他，残疾人对他说：“珍惜吧，至少你还健康。”
>
> 一个年轻人也找到上帝，诉说作为一个无名小卒的痛苦。上帝就把那位官场失意的人介绍给他，那个人对年轻人说：“珍惜吧，至少你还年轻。”

命运对谁都是公平的，只是我们往往不相信这一点。而我们所面对的苦难，究竟是一种负担还是一种动力，取决于我们自己的态度。

“上帝散布给人间的苦难与月光一样的均等。”在这个世界上，没有一个人活得容易，即使是那些看起来能呼风唤雨的人，也一样有自己的痛苦。人有的时候真的非常奇怪，就是总觉得别人都比自己过的好，相比之下自己成了世上最不幸的人。于是，很多人希望成为别人。

> 古印度有个故事，说佛陀为了消除人间的疾苦，选择了100个自认为最痛苦的人，让他们把各自的痛苦都写在纸上。写完后，佛陀说：“现在，你们交换一下纸条吧，同时也就把痛苦交换了。”这100个人交换过后，看完纸条都大惊失色，纷纷争着从别人手中抢回了自己的纸条。

事实就是如此，一旦我们真正了解了他人的痛苦，可能更愿意承担自己的这份痛苦。在这个世界上，每个人都有自己的为难处，也没有一个人整天都是被鲜花和掌声包围，但我们眼中往往只有他人成功的光环，却很难看到为此付出的代价，以及内心承受的痛苦。

不要认为这世上只有你最不幸，每个人都有自己的痛苦，这是不争的事实。但并不是每个人都要垂头丧气，因为有人知道痛苦总会过去。

活在过去还是拥抱未来

杨安疗愈 要让过去有其价值和意义，先要认识过去存在哪些痛苦，认识那些给我们痛苦的人，认识处于过去痛苦感受的我们自己。过去的“我”是走向认识自我的唯一出路，只有认识自我，才能拥抱未来。

既然痛苦无处不在，如何面对痛苦就是每个人都必须考虑的问题。

痛苦对于每个人来说都曾经有过，但是即使在同样的痛苦面前，每个人选择面对的方式却各不相同，沉溺者一蹶不振，过激者反叛危险，而只有平和者，在痛苦后让自己的心智日益成熟。

大家都知道，珍珠原本只是蚌体内的一粒沙。一只蚌跟它附近的另一只蚌说："我身体里边有个极大的痛苦，它沉沉的，圆圆的，我恐怕遭难了。"另一只蚌开心地说："谢天谢地，我身体里边毫无痛苦，里里外外都很健全。"这时有一只螃蟹经过，听到了两只蚌的谈话，它对那只里里外外都很健全的蚌说："是的，你是健全的。然而，你的邻居所承受的痛苦，源自体内一颗异常美丽的珍珠。"

消化痛苦、容纳痛苦，让过去的痛苦成为明天的光辉，才能真正体会痛苦的价值。

想要让过去有其价值和意义，先要认识过去存在哪些痛苦，认识那些给我们痛苦的人，认识处于过去痛苦感受的我们自己。

每个人遇到伤害时，自然的反应就是——"报复"。这实在是一个千古议题，古今中外有多少英雄豪杰为此而生、为此而死。又有多少人陷入"不报复痛苦，报复带来更大的痛苦"的旋涡中。随着时间的流逝，人们误以为"忘记"可以掩盖伤痛，但如果没有彻底的"宽恕"，伤痛和报复的心态就永远得不到彻底的医治与抚平。"爱仇敌"才是我们走出伤痛的关键。不要轻易说：我做不到。这的确不是一件容易的事，看完下面所有的文字，也许你会有不一样的想法。以下几点透彻分析了痛苦产生的环境。

（1）要认清对方的意图。很多时候，人受伤害是出于误会；这种误会促使我们作出错误的判断和行动，然后误会就不再是误会，而成为了事实。正所谓“言者无心，听者有意”。在第一次感受不愉快的时候，要尽量提醒自己不可冲动，避免感情用事；最好安排机会与对方面对面地进行良好沟通，减少不必要的误会产生。

（2）要把“人”和“事”分开。不要指控曾经得罪你的人，避免落入“对方所做尽是恶”的愤怒情绪当中，更不要给对方定罪。《圣经》中提道，“因为他们所做的他们不晓得”。世间清醒的人没有多少，那些让你痛苦的人，不管是出于有意还是无意，也许不十分清楚他们正在为自己的人生做什么。

（3）不要在自己的脑海里重播痛苦的录像，这是一个极大的错误，除了自我折磨别无他用。《圣经》清楚地告诉我们：不饶恕别人就好比一个人把仇敌囚禁在自己心灵的牢房里，自己握住了钥匙，不停地在外巡逻。这种做法等于把自己也关进了牢笼。唯有愿意释放对方，自己才能够不再“巡逻”，自我释放。

（4）“不饶恕”这种观念一直在控制你，它好比一个恶魔紧紧抓住你，不让你摆脱，是内在的“旧的我”在阻止“新的我”的诞生。

痛苦是一种毒，我们憎恨它、逃避它，但有时候，却又对它上瘾。上瘾的背后，是怨恨。情绪是有力量的，积极的情绪带来正能量，消极的情绪带来负能量。在消极情绪中，最有伤害力的莫过于怨恨。对生活本身的怨恨，对命运的怨恨，对不公正待遇的怨恨，包括对自己的怨恨。因为怨恨，所以宁可沉沦苦海，也不愿展望未来。

有一位高僧，酷爱陶壶，只要听说哪里有好壶，不管路途多远他一定会亲自前往鉴赏，如果中意，花再多钱他也舍得。在他所收集的茶壶中，最中意的是一只龙头壶。一天，一个久未见面的好友前来拜访，他特意拿出这只龙头壶泡茶招待他。朋友对这只茶壶赞不绝口，忍不住拿起来观赏，然而一不小心，将壶摔到地上打碎了。

高僧拾起了茶壶的碎片，拿出另一只茶壶继续泡茶、说笑，好像什么事也没发生过一样。朋友惊异地问："这是你最钟爱的一只壶，被打破了，难道你不难过，不觉得惋惜吗?"

高僧说："事实已经造成，对碎壶留恋又有何益? 不如重新去寻找，也许能找到更好的呢!"

从过去的痛苦中摆脱出来，的确需要不小的力量和勇气。这种勇气甚至能够打碎从前的我，"重塑自己"，重塑一个新的、和过去不同的自我。

我们不能将痛苦的减轻寄托于别人的改变，自我形象的强弱会影响我们受伤害的深浅程度。一个惊人的事实是：本性虽然不容易改，但自我形象却可以被重建！我们可以拥有崭新的价值观、人生观和世界观。也就是说，我们对情绪的优先次序可以得到调整，实现自我重塑。这时，痛苦、仇恨等将从第一位推到后面，而其他有着积极意义的情绪就排在了前面。

真正地放下过去，不是让一切消失。过去的"我"是走向认识自我的唯一道路，只有认识自我，才能拥抱未来。因为只有自己才是真正的了解自己的人，别人不可能了解"真实的"你。所以，过去的"我"是认识自己的唯一切入口，否则没有人能够帮助你进入正确的道途。

唯有彻底了解现在的"我"，才能真正地放下过去。我们需要洞察"我的实相"——如果我感到痛苦，并显明有过去的惯性，过去的经历、过去的人、事、物在很多方面制约着我，影响着我，难道不该去重新审视这一切吗？洞悉隐藏在"过去的我"之中的无知、无明、固执、自大、胆小、恐惧、焦虑……未来的、新的我才能诞生。

如果把痛苦看作是一件上天赐予的礼物，那么所经历的痛苦，就会成为人生的一种修炼，会让我们变得更加智慧。当"我"可以从过去的痛苦中生出“新的我”，就不再只是沉溺在痛苦毒性中，而是能从中得到心性的滋养。

无论有过怎样的生活经历，都不是沉溺在痛苦中的理由。岁月的磨难，教会我如何去承受痛苦，也教给我如何去珍惜和感知幸福。如论我们怎样排斥，痛苦都是不可避免的。如果说生命的主色调是那一幕夜空，黑黑地漫无边际，那么珍惜和感恩的人会懂得在夜空中寻找那一颗颗闪光的星星。此刻所拥有的：家人的平安、身体的康健、朋友的关心、窗外的飞鸟、明媚的阳光……都是那一颗颗闪亮的星星。

别说：如果能够重来

杨安疗愈 我们所有的痛苦是生命不可重来导致的吗？其实，如果整个人类一起活在轮回中，我们会永远活在同一个过去。在一个生命成长的过程中，痛苦是必须经历的，绕过了痛苦，也就绕过了成功。

相信大家都记得《大话西游》中的那句经典台词：“曾经有一段感情摆在我面前，我却不懂得珍惜，如今失去了之后我才感觉到后悔莫及。人世间最痛苦的事莫过于此！如果愿意再给我一个机会，我希望能够对那个女孩说，我爱你！如果一定要在这段爱上面加一个期限，我希望它是一万年！”

其实，很多人都喜欢这样说：如果能够重来，我一定抓住机会；我一定好好去爱；我一定能取得更大的成就；我一定重新选择，能生活得更好……

那么，我们所有的痛苦是生命不可重来导致的吗？是不是我们可以假设，当它重来的时候，这些痛苦就将消失、就将被弥补呢？

电影里，至尊宝最终的选择是什么？他依然选择了放弃他所爱的人，他不是不痛、他不是不苦，而是在于他能够接受这种痛苦。这是不是说，当一个人接受了这种痛苦之后，可喜之处便在我们的生命中慢慢浮现出来。

即使时光能够倒流，我们可以重新选择、改变过去，会发生什么呢？

试想一下，如果整个人类一起活在轮回中，我们会永远活在同一个过去。因为人类的历史就是坎坷而崎岖不平的。我们永远试图修正过去的错误，永远没有机会带着不完美走向未来。

事实上，痛苦不但不是前进路上的绊脚石，反而是成长的必经之路，是成功路上的助推器。

贝多芬是德国最伟大的音乐家之一。他很早就显露出了非凡的音乐才能，八岁开始登台演出。1792 年到维也纳深造，艺术上进步飞快。贝多芬信仰共和，崇尚英雄，创作了大量充满时代气息的优秀作品，如交响曲《英雄》《命运》；序曲《哀格蒙特》；钢琴奏鸣曲《悲怆》《月光》《暴风雨》《热情》等。这样一位大师却一生坎坷，终生没有建立家庭。

非但如此，他还失去了作为一个钢琴家最宝贵的东西——听力。他 26 岁时开始耳聋，晚年全聋，只能通过谈话册与人交谈。但孤寂的生活并没有使他沉默和隐退，他依然坚守“自由、平等”的信念，通过言论和作品，为理想奋臂呐喊，写下了振奋人心的不朽名作《第九交响曲》。贝多芬集古典音乐的大成，同时开辟了浪漫时期音乐的道路，对世界音乐的发展有着举足轻重的作用，被尊称为“乐圣”。

如果贝多芬没有经历双耳失聪的痛苦，又或者他双耳失聪后没有重新振作起来，发出“扼住命运的咽喉”的呐喊，那么，很多举世闻名的乐曲就不会出现。如果居里夫人没有出生在俄国沙皇统治波兰的时期，那么她就不会去巴黎留学，更不可能会发现“镭”和“钋”两种元素。如果尼古拉·奥斯特洛夫斯基当初没有因战争导致全身瘫痪，并且投入写作之中，就不会写出《钢铁是怎样炼成的》这部巨作……

我们总是希望回到过去，有重来的机会，无非是想要逃避因过去的所为、所言、所选择而产生的痛苦。那么，如果真的没有痛苦，一切就会更好吗？事实上，如果没有痛苦，反而会导致失败甚至灭亡。

一只蝉虫儿正痛苦地躬着背颤动着，极力要突破蝉壳。一个小孩见此情景，便生出恻隐之心，帮助蝉儿扒下蝉壳。蝉儿很是感激小孩的帮助，以为减轻了自己的痛苦，可是，它不知道自己因此而失去了飞翔的能力。

在大自然中，昆虫必须依靠自己的能力从茧中挣扎出来，才能获得飞翔的能力；如果不经历这个过程，痛苦是没有了，没有经过锻炼的翅膀也从此失去了飞翔的力量。在一个生命成长的过程中，痛苦是必须经历的，绕过了痛苦，也就绕过了成功。

如果我们在生活中总是体会到痛苦，这种痛苦的频率已经超出了正常的范畴，就有必要审视一下内在。这种痛苦通常是因为角色的价值观冲突，引发了自己的“痛苦之身”导致的。

“痛苦之身”是由人积累的痛苦产生的，包括来自过去的经验、心理定式。任何有“痛苦之身”而没有足够的意识从中摆脱出来的人，将会不断或定期地被迫活在他们的“痛苦之身”，也可能变成破坏者或暴力的受害者；而从相反的方面讲，“痛苦之身”也可能帮助他们走向醒悟。

“痛苦之身”在大部分时间里是处在休眠状态的。但是对那些极度不快乐的人来说，他们的“痛苦之身”可能总是处于活跃状态，所以一触即发。你会发现当你处于不快乐的时候，对方即便是一个想法或者一句不经意的话，都有可能激活你的“痛苦之身”。关系紧张的夫妻因为一个口气、一个脸色、一个情绪就能引发无数说不清道不明的冲突。

“痛苦之身”如果不被发现，就会以不同的面孔出现，而且每次到来都出其不意。有些“痛苦之身”只激发你小小的不愉快；有的则像恶魔一样折磨得你杀人或自杀。想想那些自杀的名人和杀人的罪犯，很多就是因为一件小事或一时的情绪低落激发“痛苦之身”十倍的痛苦。现实生活中一个老实人突然变成狰狞的野兽，成为杀人狂，比如马加爵、药家鑫都是在潜意识状态下被激发了“痛苦之身”。因此，无意识状态下被激发“痛苦之身”是一件很可怕的事。

每个人内心都隐藏着因为从童年到成人积累和压抑的痛苦而产生的“痛苦之身”。这个“痛苦之身”如同你的魔障一样潜伏在你的潜意识里，一念咒语它就出现，周而复始地呈现着你痛苦的人生。

要想不沉浸在过去，不被“痛苦之身”所操纵，最好的方法就是让“痛苦之身”进入意识状态，做一个“觉察者”。在痛苦刚从休眠状态被激活的那一刻，我们就应该注意到它。也就是要“觉察”到自己内心出现的任何一种痛苦形式的迹象：沮丧、烦躁、生气、愤怒以及想制造冲突和伤害别人的欲望……及时发现了这些，可能会引发痛苦的迹象，马上在意识状态远离它们、中止它们。只有这样，潜意识中深藏的“痛苦之身”就不会被激发，深层次的痛苦就不会继续蔓延……

而在意识状态里的觉察，经常要询问自己这些问题：我是谁？我的身份是什么？什么样的价值观才能帮助我实现人生目标？遇到相互冲突的价值观时，要用意识来审视，而不是用潜意识和惯性思维来推波助澜，最后无意识地引发“痛苦之身”。最后制造了一个个恶果不可收拾以后，突然你发现，你不知道“你是谁”了。

当你有勇气面对“我是谁”这个问题时，你就走向了自我认知之路，也就掀开了崭新的一页。唯有如此，你才能超越痛苦。

所以，让生命焕发光彩的并不是重来。生命不可重复带来可悲，不代表整个人生都是可悲的。纵使生命中因为不可重来留下了可悲的印记，但是我们今天并不是要拥抱整个可悲，而是希望能够让我们争取今天生活中我们所能够拥有的，你我今天我们所能够去创造的，珍惜身边的一切可喜之人、可喜之事。

幸运的人永远幸运，不幸运的人永远不幸

杨安疗愈 这个世界上，没有永远的幸运，也没有永远的不幸；甚至没有脱离“不幸”的幸运，没有单独存在的“不幸”。你希望顺利走过不幸，来到幸运面前，还是希望永远让不幸循环？

这个世界上，没有永远的幸运，也没有永远的不幸；甚至没有脱离“不幸”的幸运，没有单独存在的“不幸”。也就是说，不幸和幸运其实是同时出现的。只不过，有的时候显现出来的是幸运；而有时候，显现出来的是不幸。

古人有“祸兮，福之所倚；福兮，祸之所伏”的说法，寓意着幸运中隐藏着不幸，而不幸中往往会产生令人羡慕的幸运者。幸运是有限的，不幸却是无限的。一个过早透支了幸运的人剩下的无疑是更多的不幸。

幸运和不幸不是绝对的，而是辩证的，只要你觉得自己是幸运的，那么不久你就会获得幸运。反过来说，遭受一点挫折，马上大呼不幸，也只

能让你感觉自己更加不幸。如果你把一点点的不幸置于显微镜下面，你甚至会被自己看到的一切吓倒。不幸的感觉只能把你带进绝望的深渊而不可自拔。幸运与不幸很多时候取决于我们的心态。

一次，一位将军率船队在海上航行，途中遇上了暴风雨。一名第一次乘船的士兵吓得不停地狂呼乱喊。他的表现，让本来并不担心的士兵也开始感到恐惧，将军气恼地想下令把他关起来。

这时将军身旁的一位军官说："不要关他，让我来处理。我想我可以使他马上安静下来。"军官随即命令水手将那位士兵绑起来，丢入海中。那个可怜的家伙一被丢下海，马上奋力挣扎、高呼救命。过了几分钟，校官才叫人把他拉上船来。回到船上后，说也奇怪，刚才还歇斯底里大叫不止的士兵，居然静静地待在船舱一角，半点声音也没有了。

将军好奇地问军官："何以会如此？"校官答道："在情况变得更加恶劣之前，人们很难体会自己是多么的幸运。"

这位军官让反应过度的士兵看到了更加不幸的一面。在他的手中，幸运就像球拍，而不幸则是球——只有"幸运的球拍"才能将"不幸的球"狠狠地打出去，从而让人远离不幸的感觉。这种逻辑又像大海中一个落难的人：海难是不幸的，但怀中的救生圈却让他感到自己是多么的幸运，至于漂到哪里，甚至漂多久都不是问题，因为幸运永远在他怀中——他不会因为方位、距离的变化而失去救生圈。所以即使遭遇海难，他也并不认为自己是不幸的，怀中的救生圈让他相信自己一定会获救。

当然，很多时候，和大多数活在平均线上的人相比，我们的确遇到了"不幸"的事情。然而，你希望顺利走过不幸，来到幸运面前，还是希望永远让不幸循环？这个答案是很明显的。

走过不幸最好的方法，是能站在幸运的角度看待不幸。如此，抛开我们遇到的事实不说，从心理角度讲，无论你陷入什么样的艰难境地，都要想到：还有比这更不幸的，相比之下，我已经够幸运了。

如果总将自己置于幸运的基点上，会使你永远保持积极的、向上的心态。而积极心态是成功的动力。另外，如将大海比作死亡或地狱，对于那位惊恐万状的士兵而言，他无疑是到“地狱”走了一遭——如此“大难不死”的经历，让他觉得这世界已没什么可怕的事了，觉得回到船上是无比幸运的。由此可见，失败和挫折给人带来的好处是无法估量的。

幸运的人总能看到事情中幸运的那一面，争取自己从中获得幸运；而不幸之人总能看到事情中不幸的一面，还不愿从不幸中挣脱，仿佛这样就能印证自己的判断。所以，幸运之人总是那么幸运，而不幸之人好像总是那么不幸。

其实，不幸也有它的积极意义。“生于忧患，死于安乐”就很好地阐述了不幸的价值。

过多的幸运只会让一个人意志逐渐薄弱，根本经不起不幸的打击，一旦遭遇波折，只能怨天尤人。如果习惯了幸运，生命中只有一帆风顺、心想事成，就无法面对突如其来的不幸。他们就像温室中的花朵，失去了抗击风雨的能力。只能享受不幸的人几乎经不起不幸的打击，一旦被击倒，你这个没经过不幸的“魔鬼训练营”调教的人就很难爬起。如此一来，更多的不幸就会劈头盖脸地砸下来。有时候，甚至别人看来不过是个小小的沟坎，也会成为你的生活中难以逾越的高山。

而不幸对于那些经常遭受不幸折磨的人来说，是家常便饭，常吃这种“不幸饭”的人，意志品质都是超强的。他们清楚地知道，人生不是风调雨顺的，幸运只是偶尔光临，从而更加珍惜幸运，更加懂得感恩。

失败的不幸像多米诺骨牌，一旦倒下便不可收拾；成功的幸运却似流星陨石，轻易落不到你脚下。一个聪明的、有远见的人，一定会懂得正确对待幸运与不幸。

沉湎在不幸中不可自拔，只有死路一条；而置身于幸运中不做居安思危的长远打算，后果同样不堪设想。

很多人都见过石缝里的生命。那一株也许并不饱满圆润的种子，在遍地碎石瓦砾的环境中撑起生命的绿荫。无论是暴雨的冲刷，还是烈日的暴晒，它都牢牢抓住足下贫瘠的土地，顽强地生长着，维系着大山深处的一抹绿意。

如果说灾难、不幸、不良的生存环境是上天对于生命的考验，那么坚强则是我们对生命的敬重和爱戴。司马迁受宫刑，在狱中写出《史记》，鲁迅先生评价该书为史家之绝唱，无韵之《离骚》；韩信受胯下之辱，当兵又屡屡不受重用，却能正视不幸，终成开国大将。

即使在最落魄的时候，也要给予自己安慰。如果你是不幸的，就一定要坚强面对挫折，否则将错过一个美好的未来。

人生最大的伤害，在于为昨天叹息

杨安疗愈　如果一生都沉溺在不如意的昨天，将永远无法拥抱明天，生命将停留在昨天的伤痛里。当我们告别昨天的时候，与伤痛一同告别吧。伤痛的意义在于让我们更有勇气面对明天，而不是沉溺在昨天。

不管你以怎样的态度来面对，昨天都是黄掉的叶子，永远不会飞回树上。人生漫漫，回忆难免会不期而至。当你回忆昨天，是慢慢地放空眼神，进入斑斓的画面中；还是眼睛一闭，为昨天叹息？有没有黑暗的回忆让你无法自拔，陷入痛苦之中？你是不是在后悔、自责中徘徊。过度地沉湎于过去，只会让现在的步伐更加举步维艰。面对昨天，我们应该挥一挥衣袖，不带走一片云彩。

很多时候，我们对已经发生的事情耿耿于怀，其实就是抱着无益的烦恼不放。如此这般，我们怎能享受生命的轻松？不再为昨天叹息，就是从曾经的伤害中释放了自己。

有人总是说："当初如果不是他，我今天怎么会这样？"那个人和那些事都已经过去，你现在的痛苦又从何而来？是不是因为你自己紧抓着昨天不放？对方也许只伤害过你一次，你却在心中一而再、再而三，反复想着，好像已被伤害过千百次似的。既然别人都已经伤害你了，难道你还要对他念念不忘吗？或许你的遭遇确实很不幸，但如果你不能掌控自己的情绪，没有你给身体内的痛苦以能量，那些痛苦散发出的能量还是会继续存在，继续给你自己带来伤害。

放下痛苦，就能获得轻松；为自己松绑，怀揣一颗平淡从容的心享受生活。通往明天的钥匙掌握在我们自己手中。没错，我们是唯一能决定自己要受苦多久的人。既然如此，既然决定权在自己，为什么我们总要难为自己呢？

昨天的伤痛、失落，是我们已经经历过的。我们需要更多的经历，才能感到时间的意义。当我们告别昨天的时候，与伤痛一同告别吧。伤痛的意义在于让我们更有勇气面对明天，而不是沉溺在昨天。

幸福和痛苦往往只隔着一层透明的玻璃纸。当幸福炙手可热的时候，多一份冷静吧；当痛苦将心灵结上一层坚冰的时候，也不要失去那一份热情。不要回避真挚的痛苦，品尝过伤痛的心灵，定会拥有高层次的幸福。

巴雷尼小时候因病成了残疾。巴雷尼的母亲心如刀绞，但还是强忍住自己的悲痛，决定以自己的全部生命力支撑孩子。她想，孩子现在最需要的是鼓励和帮助，而不是妈妈的眼泪。她来到巴雷尼的病床前，拉着他的手说："孩子，妈妈相信你是个有志气的人，希望你能用自己的双腿，在人生的道路上勇敢地走下去！好巴雷尼，你能够答应妈妈吗?"母亲的话，像铁锤一样撞击着巴雷尼的心扉，他"哇"的一声，扑到母亲怀里大哭起来。

从那以后，巴雷尼的妈妈只要一有空，就教他练习走路、做体操。有一次她得了重感冒，还是下床按计划帮助巴雷尼练习走路，硬是帮巴雷尼完成了当天的锻炼计划。

体育锻炼弥补了残疾给巴雷尼带来的不便。母亲的榜样作用，更是深深教育了巴雷尼，他一直刻苦学习，决心战胜昨天的病魔给他的残酷打击。后来，他以优异的成绩考进了维也纳大学医学院。大学毕业后，巴雷尼以全部精力，致力于耳科神经学的研究。最后，终于登上了诺贝尔生理学和医学奖的领奖台。

如果巴雷尼一生都沉溺在生病而变得残疾的昨天，那么他永远无法拥抱明天，生命将停留在昨天的伤痛里。

人生有太多的不如意，往往不是你的一个决定，而是你的一个选择。

人生总会有许多岔路口，让你不断地选择，不断地失去，又不断地拥有。坦然面对生活，不畏挫折，绘出色彩斑斓的辉煌，再大的浪也有停风的那一天，与其悲哀地哭诉，不如快乐地笑。有些事你说得明白，想得明白，但未必做得明白，世上有多少事你想改变而又怕改变，有时想离开偏又死得牵肠挂肚，想忘记又深深地刻在心里，所以才有太多的无奈，想改变需要恒心和超越自己的信心。

得到的人是否也应该懂得去珍惜，懂得去感激世上有多少事是你无能为力的，有多少人是你无法挽留的。

这个世界上，我们每天都在经历着不同于昨天的变化。我们过去的分分秒秒都将是历史，都将成为过去。过去的岁月里，我们有高兴也有沮丧，有快乐也有痛苦，有希望也有绝望，有成功也有失败……

往事不可追，来者犹可鉴。不管过去是辉煌还是失落，是欢喜还是叹息，我们都不应该沉湎于过去。我们要让过去的成为过去，继续前行，坦然面对每个日出日落，迎着朝霞，踏着风雨，伴着星光，勇敢前行。

为昨天叹息，就是在一个黑暗的旋涡里不停地挣扎，总想试着走出这个旋涡，于是就有了伤痛、疲惫、失败和伤害。不知道从什么时候，我们就把自己推向了更深处，每天都被失败和伤痛纠缠。因此，我们需要学会忘记，学会做出新的选择，学会追寻生命的奇迹。

活在当下，才能治愈记忆的伤痛

杨安疗愈 过去的成功或失败，快乐或伤痛，都属于过去；留在昨天的阴影中不肯走出来，将永远看不到前面的阳光。当下的每一刻，都可以是一日之初、黎明升起之时。不要让自己再背负着过去。

活在当下，是佛家偈语。它不仅是一种感悟，也是一种智慧，更是一种积极向上的人生态度。

活在当下，说到底，其本质是自在、洒脱、没有挂碍地活过每一秒钟。

人不能两次踏入同一条河流。一秒钟之前的你，已不是现在的你，他仅属于过去。过去不可得，谁能从过去抓回些什么？青春、爱情、金钱、荣誉，地位……失去这些，往往会在我们心中留下伤痛。然而，将时间放长，你会发现，所有的东西最终都会失去。当过去已死，未来还没有生，真正属于我们的就只有当下。

在当下的这一秒钟，你是选择快乐，还是痛苦？是选择幸福，还是烦恼？是选择清静，还是忧虑？是选择智慧，还是无明？从某种意义上说，选择什么，就得到了什么。幸福与快乐，其实很明了，就在你一念之间。我们的人生，是一道已经知道答案的选择题。

一个老居士来到寺院，诉说了自己所经历的种种苦难。说到小时候后母虐待自己时，不禁泪流满面。禅师对她说，你今年已经六十多了，过去的就让它过去吧，总把这些放在心上，既苦了自己，也无法给别人慈悲。《金刚经》上说“过去心，不可得”，由于不能正确对待过去，老居士被自己的记忆虐待了近六十年。

一秒钟何其短，但无数个一秒钟连起来，就是一生，就是永恒。

过去的成功或失败，快乐或伤痛，都属于过去；留在昨天的阴影中不肯走出来，将永远看不到前面的阳光。当下的每一刻，都可以是一日之初、黎明升起之时。昨日的伤痛，记忆是痛苦的根源，过去的一切都让它随风而逝吧，不要让自己再背负着过去。

过去，不属于我们；未来，我们不知道。多少次，我们面对生命的夭亡、爱情的幻灭、幸福的渺远，痛苦不堪。真正属于我们的，我们最终能掌控的，也只有当下。如果在当下这一秒，你选择了快乐，那么无数的快乐连起来，就流成一条快乐的河。快乐很简单，幸福也很简单，就像让你把自己的手掌翻转过来一样，一秒钟就能完成。

完成人生最大的课题，只需要一秒钟。快乐自己，就在这一秒。幸福离我们永远只有一秒的距离。幸福其实就在我们心里，当我们静下来，关照内心时就会发现，自心外去寻求幸福的人，与那些拼命追逐自己影子的人一样，明明看得到，却永远也得不到。当浮华散尽，尘埃落定，生活便水落石出，渐渐露出她的真面目。幸福就像一个美丽的姑娘，总有一天我们会发现“梦里寻她千百度，那人却在灯火阑珊处”。原来幸福就在当下，“踏破铁鞋无觅处，得来全不费工夫”的顿悟。幸福，只在一念，只在当下，只在过好这一秒。

关注于现在，放下过往，才能抓住眼前幸福，慢慢融化记忆中的伤痛。

当耶稣被钉在十字架上时，那痛彻心扉的折磨让人不寒而栗。而在肉体沉寂三天后，他复活了，万丈光芒笼罩在他的周身。此刻，他不再是那个遭人迫害的耶稣，他是亿万基督教徒所敬仰的唯一的真神；他是天主，万物的主宰者。

在属于我们的每一秒钟内，做自己想做的事，爱自己所爱的人。

活在当下，就要常怀感恩之心、敬畏之心、仁爱之心。

活在当下，就是活得有理想、有智慧、有尊严，就是让自己成为生活的主人。

活在当下，需要心灵的净化与升华，是一种改变自己的智慧，是真诚地面对自己、面对生活。

有一老一小两个和尚，下山化缘，途经一条河。河上没有桥，一老一小两个和尚只好挽起裤腿准备趟过去。这时，来了一位妙龄少女，衣着鲜艳，楚楚动人。她也是要过河去的，可是要挽起裤腿未免不便，只好央求小和尚背她过河。小和尚一听脸就红了，双手合十：“阿弥陀佛，男女授受不亲，更何况我是一介出家人，此事万万不可！”少女于是转向老和尚求助。老和尚二话不说，背起少女过了河。

少女走后，小和尚好奇地问：“师父，你老人家不是常说什么男女授受不亲之类的吗？为什么今天你可以和一个少女如此亲近呢？”老和尚没有理会他。小和尚觉得很不甘心，于是一路走，一路问。几次之后，老和尚不得不训诫道：“我早已经放下了，你为什么还背着呢？”

活着，即使不精彩，也要给心灵一份自在。发生了，经历了，我们就把它当作一种美丽。不管怎样的忙碌，不管怎样的难以忍受，不管怎样的难以割舍，我们只有活在当下才是最实在的。活在当下，不仅仅是一种智慧，也是一种坦然的生活的方式。

我们活着，总是有着太多的难明的是是非非，有着许多的纠结的纷纷扰扰。有时候，我们总以为自己看淡了得失悲喜。太多的时候，我们会因为念念不忘而把回忆当作一种习惯。

我们的生命是有限的，而时间是无限的，为什么我们要用自己有限的生命和无限的时间去较真，岂不是用过去的事情和自己过不去吗？

昨天的过往，只是念着那些过去，忘记了将来，也忘记了现在，忘记了当下的此时此刻，忘记了我们活着的意义。可是，生活的现实，使我们不能沉溺于曾经的回忆里。

我们可以回忆，但是，却不可以把回忆当作习惯，我们可以不开心，却不可以把不开心当作三餐。人活着，不是活在昨天或明天，而是当下。

何必要苦苦纠结于那些已经发生了的而我们又无法改变的曾经呢?

未来是什么样子，我们无法预知。也许未来有我们不想面对的，可是，我们明知道：对一些人和事，我们可以逃避一时，却不可以逃开一世。我们不能只活在想象里，再悲伤、沉痛、深刻的回忆，在时间的荒芜中也会慢慢淡去。不管怎样，未来都需要我们自己用当下去填写那一页一页空白的明天。

第五章

向内生长，找到真正属于你的自己

心理学中有这样一个概念：人生的幸福不在于向外寻求，而在于向内探寻。在物质生活已经高度发达的今天，外部世界在人类的积极改造下发生了翻天覆地的变化。可是无论金钱多寡，依然有很多人体会不到成长的快乐。因为我们太久没有真正关注内心的自己。准确地说，是太久没有关照那个小小的“我”了。

外在呈现的一切都是内在的写照

杨安疗愈　有些令你厌恶的人可以从一个侧面帮助你了解自己。当我们跟一个人越亲密，就越容易产生厌恶，因为他让你看到自己的真面目。也许我们并不想承认这一点：你最讨厌别人的地方，通常也是你最受不了自己的地方。

我们都知道，每个人看到的世界是有轻微差别的，有的人甚至大相径庭。例如，面对同一个人，有的人觉得很好，有的人却觉得很糟糕；面对同一个孩子，有的人觉得带孩子很轻松，有的人却心烦意乱。我们看到的不同的“景象”，会影响我们的判断和行为，从而导致不同的结果。为了寻找到内心的那份平和，为了探求真实的内心，我们有必要看看是什么样的内心，导致了我们看到的“景象”。

1. 从外在看内在。通过别人看自己，才能认识真正的自己

不管你对这个人的感觉如何，喜欢也好，讨厌也罢，都反映出一个事实——你从别人身上看到的其实是自己。别人是我们的一面镜子，通过镜子，才能认识真正的自己。

我们对别人的意见，主要取决于他们使我们看清自己什么，而不是我们如何看他们。

你在发觉对方的过程中，不知不觉也等于是在发掘你自己。尝试去了解别人的感觉、想法，就会更了解自己。

如果你觉得伴侣对你失去了热情，可能是因为你也对他失去了热情。就像一位婚姻专家说的：“如果我们的婚姻变得乏味，可能是因为我觉得乏味，或者我这个人很乏味。”

有些令你厌恶的人可以从一个侧面帮助你了解自己，让你发觉你的阴暗面。这也就是为什么当我们跟一个人越亲密，就越容易产生厌恶，因为他让你看到自己的真面目。也许我们并不想承认这一点：你最讨厌别人的地方，通常也是你最受不了自己的地方。

2. 我们自己是怎样的人，就容易认为别人也是这样。你不能容忍他人的部分，就是不能容忍自己的部分

俗话说，“以小人之心度君子之腹”，本身是小人的人，即使遇到君子，也觉得人家和他是一样的想法。通常来说，对别人不忠诚的人，也会怀疑别人对他的忠诚；一个不正直的、不正经的人，就会把别人的任何举动都想歪；喜欢挑人毛病的人，其实自己毛病也不少；喜欢说三道四的人，其实自己也不三不四。

如果一个人特别喜欢发脾气，认为身边所有的人、所有的事都在和他过不去，让他愤怒。最大的可能是，他把隐藏在自己内在的不满和愤怒投射到别人身上，借机谴责每一个人、每一件事。

当一个人内心走向平和时，他将停止批评别人，并且不再排斥别人的批评。

3. 你内在是什么，就会被什么样的人吸引。你对外排斥什么，对内就排斥什么

有些人和我们相处得很愉快，而有些人似乎也没有做错什么，却就是处不来，这是怎么回事呢？一般而言，那些与我们相处愉快的人，正是反映了我们喜欢且接受的内在自我的一个侧面；而那些我们不喜欢的人，则反映了我们不被自己接受的另一个侧面。

想要双方都和谐相处，与其每每就事论事地教双方怎么促进感情，还不如教他们如何获得自我成长。认清自己，先从根本上解决自己的问题，才能真正地改善关系。

例如，一个有控制欲的人，除非内在的空虚得到填补，否则就不可能放开别人，让自己解脱；一个满怀怨恨的人，除非内心得到疏解，否则就不可能停止怨言；一个爱嫉妒的人，除非内在能找到自信，不再跟人比较，否则就不可能停止嫉妒。

经常贬低别人，是因为对自己没有自信；不尊重别人，是因为在心中不尊重自己；不先点亮自己，就不可能照亮别人。

你和每个人的关系，都能反映出你与自己的关系。想要爱对方，想要获得别人的爱，先要学会爱内在的自己。所以，关系出问题的人，不仅要检讨你跟别人的关系，也要反省你跟自己的关系。

以下是一些你可以自我检视的问题：

当我观察你所反映的我，我感到……（诸如愤怒、恐惧、失控、困惑之类的感受。）

你反映了我的哪个自我？我内在真正需要的、缺乏的是什么？

外在困扰我们的问题，正是我们内在无法整合的部分。如果你想改善外在的一切，就必须从改变内在开始。

4. 我们常常自己画地为牢。你越恨就越束缚，你越爱就越自由

当你建造了一个监狱，自己也就同时成为了狱警，必须时刻巡视周围，不得离开。当你掌控别人时，你同时也被掌控；如果你绑住别人，别人也会绑住你。你想想看，当你控制别人，不准他们做这做那，那如果他们不照你说的话去做，你会怎么样？很显然，你会不高兴。你的喜怒哀乐是由别人来决定的，你认为他们是被你掌控的吗？不，其实你才是被掌控的。

当你怨恨别人时，其实内心更多的是在怨恨自己。因此，放开心中的执拗吧。消灭敌人最好的方式，就是把敌人变成朋友。

5. 如果你很排斥，它就是你必须学习的课题。如果你很欣赏，它就可以蜕变成爱

有的宗教中提到，身边的环境是为了让我们更好地修行。我们主要的人际关系，不断地反映该学习的课题是什么。身边的人，无论是老板、同事、下属、朋友、情人、配偶或小孩，每个人都有你不喜欢的个性、想法和行为，这些就是你需要学习的部分。他们之所以会安排在你身边，都是“有原因”的。只要你过不了自己这关，他们就会显露你的阴影，会一再地重复你所厌恶的言行来让你学习。所以，与其愤怒、抗拒、逃避，不如“趁此机会”，好好了解自己的内心。

所以，当别人再议论、指责你的时候，不要再像以前一样，以幼稚的言行去攻击或反击对方，而应学会开始反问自己，因为他们说的很可能是真的；如果不是真的，你又何必那么“当真”。

我们的心，是从爱而生的。爱是什么？爱就是欣赏你不喜欢和不爱的。如果在你生活周遭有太多令你讨厌或不爱的人事物，那是因为你一直在排斥，所以他们才会一再出现，你必须学会生活的艺术——将它们蜕变成爱。

你所认为的幸福与快乐

杨安疗愈 人们往往不会觉得自己已经拥有的东西是多么珍贵，多么值得为之感到幸福。但是，我们可以通过聪明地想象、对比、意念假设等心智活动，来意识到健康地活着是多么的幸福。

虽然每个人对快乐与幸福的定义不同，但是，它们却是每个人的终极追求。我们一直在追寻中，试图接近它们的身边，然而好像总是不能在它们身边停留。它们就像淘气的孩子，抓不住，也找不到。其实，幸福与快乐既需要寻找，也需要等待，还需要发现。

有一天，小狮子问它的妈妈：“幸福在什么地方？”

狮子妈妈说：“幸福就在你的尾巴上。”

于是，小狮子不停地追着自己的尾巴，它追了一整天也追不到，就把这个情形告诉了妈妈。

狮子妈妈笑着说：“其实你不用刻意寻找幸福，只要你一直往前走，幸福，便会自然而然地跟着你。”

快乐是一种能力，快乐的人才能遇见幸福。

快乐不但能让自己的心态轻松，还能感染他人，这无意中会给自己带来幸运，从而增加幸福感。

在生活中，有的人相貌平平、条件一般，却往往有好的归宿，其中一部分原因是他们习惯呈现出快乐。电视上播过一个异国姻缘的节目：一个在我国大学教书的美国姑娘，爱上并嫁给了在这所大学当保安的中国小伙子，这个小伙子只是个来自河南农村的普通人。这个姑娘喜欢小伙子的原因竟是——这个小伙子时常面带微笑，笑得很好看、很可爱。

试想一下，谁不喜欢一个见了人就露出天真笑容的宝宝；谁愿意整天看一副哭丧着的脸？所以，微笑也是对他人的一种贡献。

站在“生死”的高度上感受幸福，才能不再纠结于不幸和痛苦。

通常情况下，人们往往不会觉得自己已经拥有的东西是多么珍贵，多么值得为之感到幸福。只有当失去时才感到不幸。当然我们不能都去经历一下能使人死亡的大难，但是，我们可以通过聪明地想象、对比、意念假设等心智活动，来意识到健康地活着是多么的幸福。

遇到事情，要从正反两面看问题。多看苦中乐者乐，多看难中福者福。俗话说，“塞翁失马，焉知非福”。凡事各有利弊，如果你遇事只看到悲观的一面，自然不容易感到快乐、幸福。快乐的人之所以快乐，不是因为比别人遇到了更多值得开心的事，多半是因为能够从生活中找到快乐。不幸的人之所以不幸，多是由于只看到了生活中的不幸；幸福的人之所以幸福，多是由于只看到了生活中的幸福。

能够投入做一件事情也是幸福的源泉。

人在成长的时候是快乐的，当一个生命体现出应有的向上的生命力时自然会获得快乐。人生最大的快乐和幸福是创新、奉献。一个人最愉快的是一辈子干自己热爱的事业，一个人最痛苦的是一辈子干自己不喜欢的事业。无所事事，才是人生最大的痛苦，为自己所钟爱的事业而忙忙碌碌，是人生最大的幸福。只要能够全身心地投入到自己热爱的事业当中去，就会忘记一切烦恼与不快，每天都过得充满希望。

幸福感由心而发，让自己的心变得明亮而透明。

心中充满阳光，脸上才会光辉灿烂。常怀感恩之心的人，愉己也愉人；常怀欣赏之心的人，悦己也悦人。能乐观地看待困难、失败、挫折、打击、死亡，是最高的心理境界。幸福不在远处，就在我们心里——靠我们去看待；就在我们眼里——靠我们去发现。

如果善于忍耐你眼中难以忍耐的事情，终有一天，也会化作幸福的叶子。

“小不忍则乱大谋”，这句古语阐述了古人关于忍耐的智慧。和亲戚、朋友之间良好的人际关系，是决定人心情好坏的主要因素之一。也就是说，没有良好的人际关系，我们很难快乐和幸福。而人与人之间，即使关系再好，也难免有不能称意的时候，除了沟通，忍耐也是必修的课程。有两个真实的小故事很好地反映了忍耐的必要性。一个故事是：一对老夫妻恩恩爱爱，携手共度人生七十多个春秋。当记者问及他们的恩爱秘诀时，答曰“忍耐”。第二个故事是：有一个大家庭，四世同堂、老少三十多口，且十分和睦。当记者问及他们和睦的秘诀时，答曰“忍耐”。物近易碰撞，人近易矛盾，亲人之间更要学会“退一步海阔天空”。

适当地付出也会让人收获快乐和幸福。

“助人为乐”这个成语，很好地阐述了帮助别人也能获得快乐的过程。

还有一句名言说：“人最痛苦的是谁都不需要他。”这就是说，一个人若觉得自己活着对他人、对家庭、对社会毫无用处，是个累赘，那会是一件非常痛苦的事。所以，在自己能力范围内，做一些对人、对社会有所助益的事吧。

活给别人看还是活出真正的自我

杨安疗愈 当侮辱失去了打击的意义，你也就不再被他人操控。活给自己看，没有人会笑你懦弱。在微笑面前，所有的侮辱都将成为路边犬吠。

偶尔，我们会觉得心情很抑郁，好像失去了自我，很大原因是我们常常活给别人看。活着，从形式上讲可分为两种：一种是给别人看；另一种是给自己看。如果活着是为了给别人看，那就更累。

有的人活在别人的眼光中，让他人的言论成为自己的牢笼。有的人非常容易被外界的氛围所感染，被他人的情绪所左右。过于在意他人的言论和判断，总是感觉无数穿心裂肺的目光，有很多飞短流长的冷言，最终乱了心神，渐渐束缚于自己编织的一团乱麻中。

有这样一个故事：

骆驼走在沙漠中，强烈的阳光照射着地面，骆驼只要快点走，就能走到不远处的水潭。喝完了水，再往前走，就能顺利走出沙漠。然而在这个时候，骆驼突然感到脚底一阵刺痛。低头一看，是一小片玻璃碎片划破了它的脚。骆驼顿时怒不可遏，狠狠地踩了一脚碎片。结果，伤口变大了，不停地流血，骆驼还没有走到水潭，就已经走不动了。

有些人、有些事，就好像那片碎玻璃一样，不管出于什么原因，你重视它了，你就输了。有人骂了你，你生气！有人侮辱你，你愤怒！有人伤害你，你还击！错了，只要你有反应，所有的辱骂伤害打击都有了效果。面对伤害和打击最有效的办法就是宽容和沉默。当侮辱失去了打击的意义，你也就不再被他人操控。活给自己看，没有人会笑你懦弱。在微笑的面前，所有的侮辱都将成为路边犬吠。

活出自己原本的样子，别把别人的评价看得太重。凡事只要问心无愧，就不必计较太多。无论是肤浅的赞美，还是非议与诅咒，都不要让它们成为你的绊脚石。无论路途多险，步履多么维艰，切勿被动地改变自己。即使要改变，也要出于自省而调整。

活给自己看，改变不是为了适应他人的眼光，而是为了寻找到更优秀的自己。

几乎每一个人都有自己和别人不同的看法，众口难调，不论你怎么认真努力，也不可能满足每个人的看法。如果你做事总是没有自己的主见，经不起别人的议论，就会感觉到压力很大、不知所措。这样，就会一事无成，整天活在这些旋涡里，最后都不知该怎么办才好，迷惘了自己前进的方向。

通常来说，一个人要有对人生的独特领悟和对道德的坚守，才会觉得人生有意义，活得有滋味。自己靠正途要追求的东西才是有意味、有意义的，对别人的名利心痒眼热一下，可以理解也无可非议，但过给别人看的生活却是一种累赘，活给自己看的生活才会有一份轻松，几许充实。

卢梭说过：“上帝把你造出来后，就把那个属于你的特定的模子打碎了。”名声、财产等，人人多少都可求得一些，但是人们对人生的独特感悟和活法是没有人能够替代的。在生命的意义中，有一个哲理是：我是一切的根源。只有活给自己看的人，才能活得略为洒脱和轻松一点。

因此，活在这个世上，最重要的是尊重自己，活出自己的特色和滋味。不需要披上虚假的外衣，不必背上沉重的包袱踏上人生之路。看到自己内心真正的需求，给自己一份别人不能给予的温暖；敢于唱出心灵中最真诚的呼唤，认识自己，才能为自己谱一篇优美的乐章。

你的生命是属于你自己的，为什么要活给别人看呢？活给自己，笑给自己，演给自己，唱给自己，相信自己的能力，给自己阳光，给自己信心，给自己灿烂的明天，把快乐的钥匙掌握在自己的手里、心里和灵魂深处。

当然，活出真正的自我，并不是说完全不顾及他人的感受，而是不因为外界的环境违背的能力和内心。从某种程度上来说，活给自己看的人，对家庭、对亲友来说抑或是一种减轻负担，是一种精神慰藉；对事业而言，可能也是一种促进、一种激励。

张爱玲曾经说过：“短的是人生，长的是磨难。”活着，本来就不易，难道不该听一听自己内心的声音吗？

当我们在外界的环境与现实中碰到限制与捆绑时，要向自己的内在看，到底绑住我的是外界的现实环境，还是我自己内在的一些成长经验？如果孩子六岁以前缺乏无条件的爱，那么就会缺乏自我存在的价值感，长大以后就会不断地在外在世界寻求认同和肯定，用做些什么、拥有什么、成为什么来弥补价值感的缺失。从很小的时候开始，我们就一直活在“别人怎么想”的世界里，因为只有靠近大人的想法，我们才能从大人那儿获得我们想获得的。因为我们得到的不是无条件的爱，而是有条件的，我们很小就会分辨那个“条件”是什么。从那时候开始，我们就很少回头看看自己的感觉是什么？自己需要的是什么？自己的想法是什么？

想要找到真正的自己，活出自我的光彩，就不能无视自己的软弱、害怕、苦恼，忽略自己内心深处的无奈、无助、孤单的自己。一味地压抑弱小的“我”，只会造成自我的疏离、分裂，让自己离真实的自我越来越远。

生命里所有的伤害和烦恼如同黑夜，生命潜能里的真善美、菩提和智慧犹如天上的星辰。星辰在白天仍旧存在于天空，只是白天我们看不到它。要看到它就得等到黑夜来临。夜越深、越黑，天上的星辰就愈加闪亮。

每个人在世上都只有活一次的机会，没有任何人能够代替你重新活一次。人世间各种其他的责任都是可以分担或转让的，唯有对自己人生的负责，每个人都只能完全由自己来承担。

幸福，不是财富的累积

杨安疗愈 通常，在人均收入达到一万美元时，金钱可以买到快乐。超过这个点之后，金钱与快乐的关联性并不大。过度地追求物质，就是在永远地追寻自己那颗永远无法满足的浮躁的心。

幸福等于财富吗？有了财富就能拥有幸福吗？这是人们经常探讨的一个问题。幸福感只是一种相对的概念。那么，财富——主要指其物质属性——究竟在人类的幸福体验和感受中扮演着什么样的角色呢？

事实上，我们在一个给定时间、给定国家中的某一人群中设定平均幸福值时，一定会看到，富有者比贫困者要幸福得多。也就是说，财富确实会给人带来幸福，是通向幸福的道路上不可或缺的物质基础。财富的多少可能的确与幸福感不成正比，但是否有财富对幸福感的实现却是意义重大的。然而，财富只是幸福宫殿外的台阶，而不是宫殿本身。财富和幸福感并不永远成正比。随着人们财富的积累，幸福感不一定会相应增长。

著名作家巴尔扎克笔下，就有一个叫葛朗台的守财奴。“除了快快发财他不知道有别的幸福，除了金钱损失也不知道有别的痛苦。”葛朗台有一屋子的金子，却住在破旧阴暗的房屋里，极其节俭，家里不允许同时点两支蜡烛，连自己的妻女也只是在与金钱有关时在他的心目中才有价值。他唯一的爱好就是晚上躲进密室抚摸金子。虽然财富让他感到满足，但他却失去了作为一个人的幸福。

现代丰富的物质，给人造成一种错觉，认为金钱可以买到一切。实际上，现在吃一顿大餐得到的快乐，不会比小时候吃一支冰棍来的快乐大。过度地追求物质，就是在永远地追寻自己那颗永远无法满足的浮躁的心。

某电视节目上报道过这样一件事：一对夫妻，郎才女貌，女人毅然决然地嫁给了这个男人。二人婚后夫唱妇随，十分幸福，不久就生了一个大胖小子。夫妻虽然忙碌，却也一直体验着收获的幸福。很快，丈夫的事业有了起色，身家几百亿，家族企业闯进世界500强。然而，钱多了，家庭矛盾随之而来了。当年那个顾家、憨厚的男人在外有了女人，昔日恩爱的家庭破裂了。当年二人身无分文共同创业、精诚团结；但大把的钱挣到手了，幸福却远去了。

可见，幸福指数并不是以财富的多寡来判定，而以人内心的快乐感受为基本目标。国外的研究数据揭示了一个有趣的现象：通常，在人均收入达到一万美元时，金钱可以买到快乐。超过这个点之后，金钱与快乐的关联性并不大。于是，随着财富积累达到一定程度，人们并没有因此变得更快乐，反而造成了不公平和不安全感。

心理学家经过详细的考证后发现：当住房和食物这些基本需求得到满足后，额外的财富很少能增加你的幸福感。而关于幸福感的许多调查也揭示：在美国和其他大多数富裕社会里，财富的增加，甚至还伴随着幸福感的下降。富豪自杀的例子也并不少见。在过去30年里，随着国民生产总值增长超过一倍，形容自己“非常幸福”的美国人口比例下降了约5%，或者说减少了大概1400万人。此外，人群中患临床抑郁症的人比以前更多。

这一定会使一些人感到迷惑：为什么财富的增长不一定能带给我们幸福感的增长？神秘的幸福感究竟来自何方？

越来越多的经济学家发现，较之“绝对财富”，“相对财富”的增加才是幸福感增加的真正原因。就是说，不管收入的具体数字是多少，只要和同类人相比是高的，人们就会感到骄傲和幸福。这种源于财富的幸福感大部分来自“比较的快感”。相关的测验诸如：当被问到你是愿意自己挣11万美元，其他人挣20万，还是愿意你自己挣10万美元而别人只挣8.5万美元呢？大部分的美国人选择后者。

不过，仅仅是“比较说”似乎还不能充分揭示幸福感的奥秘。很多事实表明，当人们的财富能够满足基本的生存之后，幸福感和生存的意义息息相关。

在一个生活水平不断被提高的当今社会，比起穷困来，我们似乎更多的是要处理内心的“无聊”。曾经有一个对哈佛大学毕业生进行研究的结果显示：在他们获得学位以后20年，抱怨彻底的毫无意义感的人占有极为显著的比例，而这些人眼下在事业上都已经取得了相应的成就。在别人眼里，他们过着井然有序的、幸福的生活，而在他们自己眼中却不是如此。

德国著名精神医学家维克多·弗兰克在他的著作《无意义生活之痛苦》中提道，我们的时代是一个生存挫折的时代。越来越多的迹象表明，我们已经生活在一个弥漫着毫无意义感的时代里，无意义感正在不断蔓延和加强。

美国的统计数据表明，自杀已经成为大学生的第二大死因，仅次于交通事故。同时，自杀未遂（并非以死亡为结束）的数目增长了15倍。在被问及此类自杀未遂者的动机究竟是什么时，有85%的学生表示在其生活中再也看不到任何意义，而其中有93%的人在生理和心理上都是健康的。他们经济状况良好、家庭关系和睦，在社交活动中精力充沛，对其学业的进步也感到满意。从物质角度讲，他们没有任何“想不开”的理由。

当基本需求在“富裕社会”中似乎无一不被满足了的时候，生存空虚却出现了。而这种现象的发生，也许正是因为社会满足了他们的物质需要，而不是生存的意义。正如一位美国大学生说的：“我获得了学位，拥有豪华汽车，经济上算是独立的，享有我应接不暇的性经验和声誉名望。但我扪心自问的仅仅是，这一切该具有什么样的意义？”

2002年诺贝尔经济学奖得主卡尼曼教授的研究也发现，财富的心理意义比实际的数量意义对人的决策更有直接的影响，人们不是追求利益的最大化，而是意义的最大化。

当无意义感威胁到幸福感，弗兰克指出了寻找幸福的路途：首先，在做某事或创造某物时，赋予它额外的意义；其次，在经历某事、爱某人中见出意义；最后，在孤立无援地去面对某种无望的情景中，也要善于激发出某种意义。正如弗兰克所说，实际上人们需要的并不是“幸福生活”本身，而是构成幸福生活的“元素”。这就是说，一旦具备了某些因素，幸福就到来，快乐就到来，而财富仅仅是构成幸福生活的因素之一。

心灵越纯净才会越坚强

杨安疗愈 俗话说，“水滴石穿”，有些东西是越简单，越有力量。“无欲则刚”，人的心灵只有恢复简单纯净，才能呈现出坚强的品质。在纯净心灵中，才能找到生命的最终意义，真正获得生命的硬度。

世界上最坚硬的物质是钻石，然而，组成钻石的成分99.98%是碳。这一种元素的硬度超过了所有其他物质。俗话说，“水滴石穿”，有些东西越简单，越有力量。“无欲则刚”，人的心灵只有恢复简单纯净，才能呈现出坚强的品质。

一位哲人说：“能让我们的心灵感到深深震撼的有两样东西，一种是我们头顶灿烂的星空，另一种是我们心灵的准则。”

人生是一个显示屏，我们的心灵选择什么准则，我们的人生就会显现出相对应的画面。纯净的画面，足以震撼人心，是一种强有力的力量。

如果我们的心灵选择宽容，用心的温暖来融化隔膜、误会、嫌疑；用笑来驱逐冬日的寒冷；用心去抚平创伤，心灵则净化所有的尘埃。如果我们的心灵选择纯洁，用简单划一去开启心灵的智慧；用纯洁作为生命的底色，则心灵可以冲淡黑暗。如果我们的心灵选择坚强，用坚强去抵抗想要压倒我们的那些挫折；让纯净的心灵放射出金刚石般的光芒，我们的人生也将更有力度。尼采曾说：“处在痛苦中的人只有选择坚强的权利。”而我们即使不处在痛苦之中，我们也应该选择坚强。面对不幸和挫折，与其摇头叹息，不如让生命呈现出应有的硬度。

要让自己的内心变得纯净、坚强，就请你问问自己：“过去十年来，有什么样的不同?”

人的身体心智都会随着时间而成长。五年前，也许你在追求“万能的”金钱，认为只要有了钱就是拥有了世界；三年前，你可能在为了事业的成功奔忙，认为只有事业成功，这一生才算是没有白过。现在呢？也许觉得在纯净心灵中，才能找到生命的最终意义，真正获得生命的硬度。

不管这十年来的改变如何，也不管改变是正面还是负面，都请深入地反省下去。你会清晰地了解到：你是什么样的人，为什么会有这样的变化。

大多数人都缺乏自省能力，看不清自己这些年来转变的心路历程，看不清楚自己的本质，自然也无法找出使心灵纯净的源泉。而一个不晓得自身变化的人，就无法由过去的演变经验来思考自己的未来，当然只能过一天算一天，越走越觉得没有力气，越来越软弱。

如果能随时反复诘问自己过去的转变，就可以找出以往看待事物的观点是对是错。时常反省，可以帮助我们以正确的观点去看待周围的事物，恢复心灵的纯净状态。

经典文学作品《简·爱》中提到了人生的真谛，讲述了一个凭借纯净而温柔的心灵走出坚强之路的故事。

> 简·爱从小生活在亲戚家里，姨妈嫌弃她，表姐蔑视她，表哥侮辱和殴打她……也许正是因为这一切，让简·爱拥有无限的信心和坚强不屈的性格，一种不可战胜的人格力量。她坚定不移地去追求一种美好的生活，并向往着自由、独立的生活。
>
> 后来，她在当家庭教师的时候，认识了温柔的男主人罗切斯特。在高贵的男主人面前，她从不因为自己是一个身份卑微的家庭教师而感到自卑，反而认为他们是平等的。也正因为她的正直、高尚、纯洁

的心灵，让罗切斯特感到震撼，并把她看作了一个可以和自己在精神上平等交谈的人，在不知不觉中深深爱上了她。

不幸的是，他们结婚的那一天，简·爱知道罗切斯特已有妻子。她觉得自己受到了欺骗，自尊心受到了戏弄，因此毅然决然地离开了——虽然她依然深爱着罗切斯特；而罗切斯特对她也是出于真心。这也正体现了简·爱的纯净：在这样一种爱情力量包围之下，在富裕的生活诱惑之下，她依然要坚持自己作为个人的尊严，这是简·爱最具有精神魅力的地方。

在小说结尾，罗切斯特失去了庄园，他自己也成了一个残废。但正是这样一个条件，使简·爱不再在尊严与爱之间矛盾，而同时获得了自己的尊严和真爱。

《简·爱》之所以会成为文学史上的经典，在于它不仅仅写了一段缠绵悱恻的爱情，还倾吐了女性纯净柔美的心声。书的作者也是一位女性，她生活在变化着的英国19世纪中期，那时思想有着一个新的开始。《简·爱》中表述最多的也是这种思想——女性想要独立意识。如果简·爱没有那份心灵的纯净，在姨妈家悲惨的童年生活，就会扼杀她对美好生活的向往；如果她没有那份心灵的纯净，她一开始就会和罗切斯特生活在一起，开始有钱、有地位，可是失去了爱情的滋味；如果她没有那份纯洁，我们在读《简·爱》时也不会感动落泪。

是什么让我们对《简·爱》爱不释手——是因为她独立的性格，还是那坚强、维护自尊的人格魅力？完成这些决定需要怎样的勇气：简·爱离开深爱的罗切斯特时，需要怎样“风萧萧兮易水寒，壮士一去兮不复返”的豪迈和胆量啊。这种巨大的力量从何而来？因为一切言行发自她纯净、真实的内心，这应该才是最关键的一步，也是坚不可摧的特质。就这样，倔强而独立的简·爱，留给我们一份感动、一份敬佩。她不但用纯净的心灵征服了男主人公，也征服了千千万万的读者，所以她是成功的、幸福的人。

拥有纯净心灵的人，不管是贫穷还是富裕，不管漂亮还是平凡，都是美丽动人的。这本书带给我们的正是这种真正的朴实无华，是一种追求全心的爱情，还有作为一个人应有的尊严。女主人公简·爱就像一杯冰水，净化每一个人的心灵。好的心灵和充实的心胸，都能使人坚强，激励人们独立地生活在社会上。

找到自己，才能找到真正生命的意义

杨安疗愈 发现自己往往比发现别人更困难。这是因为，发现自己和寻找别人一样，用的是个性化的因素，得出的结论往往不够全面、客观、公允，其正确性也因此打了折扣。自己看自己难，难就难在“只缘身在此山中”。

上文提到，意义感对幸福感有很大的影响。万事万物的存在，必定有其意义，生命也一样。不是我们的生命缺少意义，而是我们没有发现它。

这世界不是缺少美的事物，而是缺少发现的眼睛。同样的，发现自己往往比发现别人更困难。这是因为，发现自己和寻找别人一样，用的是自己的眼睛、自己的思维、自己的标准，掺杂了大量主观的、情感的、个性化的因素，得出的结论往往不够全面、客观、公允，其正确性也因此打了折扣。自己看自己难，难就难在“只缘身在此山中”。

发现自己需要莫大的勇气，因为在这个过程中难免要遇到让自己痛苦或者难以接受的部分。因此，我们要敢于放弃，善于取舍。敢于坦诚地承认自己错了，才能坦然地从头再来。要记住，人生所占有的资源是有限的，时间、精力、能力的使用都是单向的，一旦投放就不会再生。所以，珍惜生命的每一种遭遇，它们都是为了让你更接近自己生命的意义。

发现自己之后，才能找对自己的位置。

有一句很经典的话："垃圾是放错了位置的宝贝。"可见找到正确位置的重要。就像鸟儿飞翔在天空，鱼儿潜游在清溪，每个人都有自己的位置。如果一直向上看的话，那么就会觉得一直在下面；如果一直向下看的话，那么就会觉得一直在上面。目光决定不了位置，但位置却永远因为目光而存在。

并不是每个人互换位置后也能取得相应的成就，每个人都需要认清自己放在什么样的位置是合适的。一块石头在金子的位置上仍然是石头，而且会让人更瞧不起那块石头。在某些时刻，我们在演员的位置上，就要学会表演；而另一些时候，我们在观众的位置上时，就要学会欣赏。社会是个大舞台，而大多数人常常分不清何时该表演，何时该欣赏，从而虚度了光阴，错失了原本属于我们的位置。生活中，最难得的就是摆正自己的位置，调整人生意义的方向。

居里夫人很清楚，自己人生的价值并不在于年轻美貌、金钱名利，而在于为科学作出贡献，为人类作出贡献。居里夫人对人生和价值的认识一方面源于她的品格，另一方面源于她在科学研究中获得的体验和感悟。凭着这种信念，她从一个漂亮的小姑娘，一个端庄坚毅的女学者，变成科学教科书里的新名词"放射线"，变成物理学的一个新的计量单位"居里"，变成一条条科学定律，变成科学史上一块永远的里程碑。

争取位置是一种勇气，而放弃不适合自己的位置更需要智慧。

悄悄地让出多余的位置，为心灵轻松而宁愿远离。在这里，远离不是逃避现实、放弃自我，而是顺其自然、追求怡然自得的逍遥。朱敦儒有言曰“不消计较与安排，领取而今现在”，大概就是说要“让出多余的位置”。

文学家歌德年轻时的志向是成为一名画家。为此他付出了艰辛的努力，来提高自己的画技，却始终收效甚微。直到40岁的时候，他游历了意大利，亲眼见到那些大师们的杰出作品之后，终于清醒了：即使自己穷尽毕生的精力也难以在画界有所建树。在痛苦和彷徨中，他毅然决定放弃绘画，改攻文学，最终成为伟大的诗人。

歌德用了差不多半生的精力学画无成。好在他最终找到了自己，及时调整了人生目标，在文学道路上做出一番成就，发挥了无可取代的价值。鲁迅年轻时悬壶行医，最后发现治一人并不能救社会，于是转而投身革命，终于成就了令世人瞩目的伟业。无数成功的例子告诉我们，成功者是在不断的实践中发现了成功的道路，并不是一开始就站到了正确的起点上。因此，我们不要盲目地相信自己的兴趣，不要绝对依赖自己的感觉，而要尽可能多地尝试各种各样的发展道路，与时俱进地调整自己的努力方向。

而我们又该怎样去确定、去实现自己的人生价值呢？

在精神荒芜、贫困、堕落、空虚、浮华的围剿之中，我们似乎更难以看到，如何选择才能实现价值？说来也简单，实现人生价值的首要任务，就是做好当前该做的事情。人类的物质越丰富，沿途的风景就越美。我们每一个人都是赶路的人，虽然路旁的风景很美，但我们不能只顾欣赏而忘了赶路，那我们永远是一个迟到者，甚至是迷路者。如此这般，路尽头的那个价值目标也永远是遥不可及了。

只有站在社会的坐标中，自己的位置才更有意义。人生价值还体现在人对人的积极意义上，反映了自己和他人之间的关系。

人既作为个体而存在，也作为社会成员而存在。个人无法脱离社会而取得成功，个人意义也要通过对他人的影响得以实现。当一个人把成功的果实与社会一起分享的时候，他的成功就具有了广泛的意义，他的理念就升华到了新的境界。

现实中也许我们很多人都处在迷迷茫茫之中，不知道自己在干些什么，也不知道自己该干些什么。但是，我们只要静下心来，与浮躁的气氛、心态做斗争，就迈出了第一步。

人生的价值要靠个人的创造来实现。不畏困难和挫折，运用自己在社会实践中所获得的智慧、才能，创造物质和精神财富，作出贡献，实现人生价值。

我们应该始终明白自己的责任，自己的追求以及自己的人生价值。只有把握好现在，踏实做事，方可实现自己的人生价值。因为生命的色彩是要自己去涂抹的，不要因为周围色彩的暗淡而让自己失去光彩；也不要因为周围色彩的柔和，而沉醉于温柔之中。找到属于自己的色彩，人生的意义自然会得到升华。

第六章

坦然接受变化，变化的本质是为了不变

世界在飞速地变化，我们自身也在不知不觉中变化着。不变化，则无法成长；而变化，是为了那从无改变的初衷。听从内心、享受坦然，以不变应万变，感受真正的祥和。

刻舟求剑不仅仅只是个寓言

杨安疗愈 既然目前的生活状态并不理想，那么为什么不按照自己的理想换一种生活方式呢？如果想不被淘汰，就得像物种的进化一样，以改变自己的方式来适应不断变化的生存环境。

“刻舟求剑”这个成语想必大家都不陌生。在《吕氏春秋》中记述了这个故事，说有个楚国人，坐船渡河时不慎把剑掉入河中。他一点儿也不着急，只在船舷上刻了个记号。船上的其他人都劝他赶快下水找剑，他却不慌不忙地说：“这个记号是我的剑掉下去的地方，等船靠岸之后，我再从这个地方跳下去找剑也不迟。”结果不用说，船停下后，他沿着记号跳入河中找剑，遍寻不获。

乍看起来这个寓言很滑稽，而且不会在现实中发生。其实恰好相反，现实中不乏因为不知变通而遭遇挫折的事情。世界上的事物，总是在不断地发生变化，不能只凭主观做事情。死守教条、墨守成规，必然无法适应新生的变化。用静止的眼光来看待变化发展的事物，必将导致错误的判断。情况变了，解决问题的方法、手段也要随之变化，否则就会失败。

现代社会的物质变化相比于古代有过之而无不及，我们会遇到各种变化，而这些变化也会给我们带来压力。慢慢地，有的人发现，原来的态度和做法并不能适应现在的生活。例如，有的人发现自己因为学历低不能从事某些工作；有的人发现换了同事之后，用原来的方式沟通会处处碰壁……

既然目前的生活状态并不理想，那么为什么不按照自己的理想换一种生活方式呢？原来有的人既对现实不满，又对新的生活有太多顾虑——怕自己无法承担改变的后果；怕改变好像就等于承认自己的错误，就在某种程度上失去了尊严。他们承受不了适应新生活的阵痛，甚至害怕一旦跳出以前的生活圈子，面临的是更糟糕的处境，索性当一天和尚撞一天钟，得过且过般固守着死气沉沉的生活。

这就是现代的“刻舟求剑”，很多事情其实就发生在我们身边。我们每个人都处在一个更大的自己并未察觉的牢笼中。这个牢笼就是：认为自己无须改变，或者是即使认识到需要改变也无力拿出实质的行动。但事实是，只有改变自己才能适应环境、创造环境，如此，命运自然就随之改变了。

有这样一个故事，虽然并不是真实的事情，却也从反面说明了：改变，哪怕只是一点点，对人也是至关重要的。这是一个关于“皮鞋”由来的故事。很久以前，人们没有鞋子，都赤着双脚走路。有一天，国王要去某个偏远的乡间旅行。乡间的道路崎岖不平，还散落着很多碎石。如果国王走在上面，双脚一定会被扎得又痛又麻。于是，有一个官员建议："可以在国王经过的地方铺上一层牛皮，走在牛皮上会觉得非常舒服。"国王觉得很有道理，就下了一道命令，要在自己王国的所有道路上都铺上一层牛皮。他认为这样做可以让所有的人都不再忍受光脚的痛苦。这是一个善意却荒唐的命令，因为就算杀尽国内所有的牛，也凑不到足够的牛皮来铺路；而且，牛都没有了，用什么来耕地呢？

这时，一位聪明的官员大胆地建议："英明的陛下啊，您不必牺牲那么多牛，花费那么多钱，只要用两小片牛皮包住您的脚，不就行了吗？如果有百姓不喜欢光脚，也可以做这样的'鞋'来穿。"国王听了恍然大悟，他立刻收回了刚才的命令，采用了这个建议。

人虽然有主观能动性，可以凭借自己的力量影响周围的世界，有些人甚至还可以运用自己的智慧和能力为这个世界增光添彩。但是，无论面对可以改变还是无法改变的外部环境，先从改变自身开始，才能获得你想要的东西，才能获得生存的条件。或者也可以这样说，只有先改变自己，才能改变周围的环境。你改变不了事实，但你可以改变态度；你不能控制他人，但你可以掌控自己。如果一切都不能改变，至少你还能改变自己的感受；如果一切都不能控制，至少你还能控制自己的情绪。

"刻舟求剑"中的那个楚国人，完全不考虑"水在动，船在走"的事实，只认定剑掉下去时船舷的位置，只会让自己的世界和真实的世界越来越脱节。世界不可能围着每一个人转动，世上本无移山术，唯一的方法就是，山不过来，你就过去。改变世界是大家的事，只有大家齐心协力才能够做到，并非一日之功。而只有改变自己才是自己的事，要靠自己的努力去实现，连国王都要改变自己去适应这个世界，何况普通人呢？

这个世界上似乎只有两种人：第一种人是天才，有的天才发觉这个世界问题实在太多了，处处不合自己的心意，自己一定要让这个世界改变。很多推动历史进步的政治领袖即属于这种人；有的天才想要探索科学的空白，为人类的物质进步作出贡献，比如科学家等。即便他们有如此巨大的能量，却也是在顺应时代和真实环境的基础上才能获得成功。例如，达·芬奇在很早的时候就试图发明飞行器，可是当时的社会不具备飞行器需要的各种物质条件，他的无穷智慧只能在一定的时间范围内发挥作用。

第二种人是凡人，凡人虽然也发觉这个世界问题太多，不符合自己的需要，可是自己又没能力改变，只能反观自己的问题，设法改变自己以适应这个世界。

既然整个世界都充满了变革和改革，我们每个人也就不可能不变。如果想不被淘汰，就得像物种的进化一样，以改变自己的方式来适应不断变化的生存环境。尽管“改变”自己的过程会千难万险，甚至流血流泪，但只有勇于改变自己，才能扩大生存空间，生命才能获得重生。

太过于在意以往，只能活在旧日

杨安疗愈 我们每一个生命，都是带着过去的杂草在生活，没有例外。区别只是有的人前进，有的人摔倒了能爬起来，而有的人宁愿趴在地上，也不愿再带着伤痛往前走。

过往的经历，会留下很多遗憾、无奈、伤痛……这些曾经发生的事情，给生命增加了很多沉重的包袱。有的人，因为过去的失败，不敢再去尝试；有的人，因为曾经的痛苦，放弃了今后的幸福；有的人，因为不堪回首的过去，一遍又一遍活在懊悔、痛恨、自责中。其实，这并不奇怪，因为每个人都希望自己的生命在任何时刻都光洁如新；每个人都希望自己的生命中不出现缺憾和断裂。所以，他们在潜意识中强迫自己重复以往的经历，希望在某一次的重复中，命运之轮能够出现不一样的方向。

可是，觉醒吧，很多事情发生了就是发生了。即使能够重新经历，也依然无法改变结局。并不只有你一个人孤孤单单地面对这种命运的流转。我们每一个生命，都是带着过去的杂草在生活，没有例外。区别只是有的人前进，有的人摔倒了能爬起来，而有的人宁愿趴在地上，也不愿再带着伤痛往前走。

著名作家史铁生，1969 年去延安一带插队，后因双腿瘫痪于 1972 年回到北京。后来又患肾病，而后发展成尿毒症，需要靠透析维持生命。他曾自嘲“职业是生病，业余在写作”。他是当代中国最令人敬佩的作家之一，生前曾是北京作家协会副主席，中国残疾人协会评议委员会委员。他全然地感受自己独特的生命，将写作与他的生命完全连在了一起，在自己的“写作之夜”，史铁生用残缺的身体，说出了最为健全且丰满的思想。他体验到的生命的苦难，表达出的却是明朗和欢乐，他睿智的言辞，照亮的反而是我们日益幽暗的内心。

他创作的《我与地坛》激励了无数人，他的《病隙碎笔》作为 2002 年度中国文学最为重要的收获，一如既往地思考着生与死、残缺与爱情、苦难与信仰、写作与艺术等重大问题，并解答了“我”如何在场、如何活出意义来等普遍性的精神难题。

史铁生的苦难是显而易见的，他的过往是不堪回首的，如果他没有去插队，也许就不会摔断双腿，这本不是他应该承受的。作为一个双腿永远无法行走的人，他有太多的理由自暴自弃，他有太多的理由可以躺在痛苦的泥潭中不再前进。然而，他带给自己生命的是接纳；他带给别人生命的是领悟。

不仅因为他有一具残疾的身体，更因为他有一个聪慧过人的大脑。这么多年了，他在轮椅上年复一年地沉思默想，度过绝望而狂躁的青年时光，也成熟了他中年的深厚思想。思考本来不是一件轻松的事情，一切思想必定是孤独的、忧郁的，更何况是史铁生这样，明知道自己永远也不能在身体上恢复健康。从第一天得知自己将永远不能再站立起来的时候，他就一刻也不停地冥思苦想着。

缺乏思考的生命是苍白的，在人的生命中，唯有沉思的时刻，才是敏锐、富有，也是最强大的时刻。但是，一个生命若身体健康，便会有太多的俗物在影响他的思考。由于行动的灵便，由于俗务的纠缠，由于欲望的滋生，我们越来越懒于沉思。史铁生不然，他有的是机会让自己强大，尽管他被迫为此付出了高昂的代价。

史铁生当然算得上是经历过绝境了，绝境从来都是这样，要么把人彻底击垮，要么使人归于宁静。

因为经历过很多人无法体会的绝境，他的文字生动而清新，既透着哲理又不显沉重，也许因为他特殊的身体状况给了他人所不及的感悟力。史铁生的出语惊人并不表现为壮怀激烈与慷慨陈词，他总是很平静地甚至很低调地写一些平实的文字，然后让你大吃一惊。这有点像有人用近乎耳语的声音，宣布与大伙性命相关的消息，并不因为其音量小而被忽视。比如，在《我与地坛》里，他这样写道："死是一件无须乎着急去做的事，是一件无论怎样耽搁也不会错过了的事，一个必然会降临的节日。"因为沉思带给他强大的能量，他才可能这样平实地在作品中谈论生与死，既不夸张对它的向往，也不回避它的到来，就像一个操心家务的农夫，安排惊蛰开犁清明下种的农事，也预告秋季的收成一样寻常。

在国外，也有一位身残志坚、感动过无数人的女性作家，她就是大家熟悉的海伦·凯勒。她看不见也听不见。就是这样一个连心灵的窗户都被上帝关上的人，依然能那样豁达与坦然地面对生命。

在生命的画布上，有各种色彩。有的是在过往的历程中命运给予的；有的是他人给予的。这些色彩属于我们的生命，却不属于我们的现在。现在，我们可以给予自己喜欢的颜色。生命是卑微的、渺小，同时也是伟大的，我们有能力按照自己的心意去改造生活。

你的心意是挣脱旧日的有力工具。人在精神方面，不止只有一样心意那么简单，心意以外，还有很多未发掘出来的智慧和力量。

以往，是我们被心意操纵，我们一向以为应该如此，也习惯于让自己的心意这样想；只是这样一来，你的心意就自然认为它大到不得了，它要怎样你都不能不听从。其实，你可以驾驭自己的心意，重新训练它。心意如果被真诚地训练了，它可以成为听从你的一样有用工具。

你的心意成为你的工具以后，你要怎样使用它都可以。沉浸于过往的心意只是一种习惯，而习惯是可以改变的。只要我们积极改变心意，明白心意可以被重新训练，就能使它成为积极的工具。

要训练心意，请放空自己，仿佛你从来不认识自己，暂时停止所有的意念，只需真诚的想一想这个概念："我的心意能成为我的工具，我怎样去使用它都可以。"

如果你能够控制自己的心意，你的将来便会按照你所想的去发生；如果你坚决认定自己不能改变坏习惯，那么这也就成了你的事实。所以，我们不妨明智地使用心意这个工具，清晰地告诉自己："我觉得我可以改变，而且改变越来越容易。"这并不是什么胡思乱想，事实的确如此。

我们的内在，有一种非常强大的力量，以前我们并没有去发挥，等到有朝一日发挥它的威力，就会知道改变简直毫不困难，一旦跨出第一步，以后真的会越来越容易。

从过去中走出来，说起来容易，做起来却并不容易，需要太多的勇气和内心的挣扎。人所有的坏习惯，不单是过去所养成，现实的环境也会对我们形成阻力。所以，如果你真的决定和旧日说再见，就要有永不回头的勇气。你若是能够认识——你并不是心意的受害者，而是你心意的主人，便会接纳过往，找到失去的快乐。

别让过去的不如意在今天发酵

杨安疗愈 我们要及时清理思想中的残渣，使它不再停留在我们心意中，使我们不快乐。先哲说过："一切的回忆都有毒，不论这回忆是痛苦还是甜蜜。"如果我们能放开对过去的回忆，我们就生活在"当下"。

对于过去，每个人都有着丰富的记忆。可是大多数人不知道的是，记忆其实并不忠诚。存在于记忆中的过往，在潜意识的作用下，有的被夸大了，有的被缩小了，有的被扭曲了。有些不如意的事情，随着时间的推移，仿佛被放入了酵母粉，膨胀到事实的几倍大。记忆的这种功能是有现实原因的——我们在潜意识中希望给自己一些借口，把所有今天的不幸或者不顺都推到过去的不如意留下的疤痕上。

这种借口真的是我们需要的吗？我们真的愿意被过去的不如意拽住衣角吗？我们的生命真正需要的是什么？

抛开过去的不幸，我们需要用成熟的心智，给今天的自己丰富的爱；给过去的不顺利的生活环境一个理解。

我们可以想象自己是一个五六岁大的小孩。今天已经成熟的你见到这个小孩，望着这个小孩的双眼，你发现，这个小孩唯一向你要求的，就是爱护他。你想象自己伸出双臂，去拥抱这个小孩，用带着爱的坚实双臂，好好地抱着他，告诉他你非常爱他、欣赏他；告诉他，他可以在学习的时候犯些错误，都没有关系；告诉他，无论发生什么事，你都会在他的身边。接着，想象这个小孩在缩小，缩小到你可以用自己的心来容纳他，可以把他放在你的心中。

然后，想象你的母亲。她好像很恐惧，她也做错了一些事情，因为她需要爱，又不知道从哪里可以找到爱。你伸出双臂拥抱母亲，告诉她，你爱她，很关怀她；告诉她，她可以依靠你，你会不停地爱她和照顾她。当你感到母亲平静下来，不再恐惧的时候，也把她缩小，缩小到可以容纳在心中。小小的母亲和小小的你，在心中手拉着手，两个小人，互相爱护。

还要想象你的父亲。他好像很伤心、很害怕，很希望人家去爱他；他也会叹息、彷徨。你现在已经懂得怎样爱护害怕的人，所以你很自然地伸出双臂，抱着父亲。让他感觉到你对他的爱意，让他知道不管遇到任何困难，你都会在身边照顾他。当你的父亲不再忧愁、开始快乐起来，也把他缩小，放在你的心里。

此刻，你的心里有三个小小的人，他们对彼此有无限的爱。对配偶和子女，也可以用同样的方法，将小小的他们和大家一起放在你的心里。你是树，父母是你的根，配偶儿女是你的枝叶花果，你们都需要爱的沃土，爱的阳光和雨露……爱的力量很大，它在你心中发亮，冲淡了过去的不如意，使你充满和平、充满欢乐。

抛开过去的经历留下来的戾气，拒绝愤怒等不良的情绪控制你的今天，我们需要学会放松。

以舒适的姿势靠在椅子上或者躺在床上，深深地吸入一口气，然后呼气，让呼吸均匀而缓慢。尽量放松全身不留丝毫紧张，想象自己非常悠闲，让你的额头、面部肌肉、手臂、腿脚、身躯、胃部、腹部等，慢慢地都完全放松。

当你全身放松，你的心情会体验到前所未有的轻松。你现在会明白，原来自己的身体一向都那么紧张。是你把自己的身体绷得那么紧张，这表示你把你的心意也同样地绷得非常紧张。当你完全放松了以后，你可以告诉自己："我现在已经不再紧张了。我已经让紧张远去，让所有的恐惧也远去；我可以不再怨恨、不再惴惴不安、不再伤感，所有那些令我不快乐的感觉，都在放松中远远地离开了我。我现在很轻松、安宁，我对自己的生命和周围的环境都觉得很好、很安全。"

你也可以想象自己是在一个阳光明媚的海滩上，清风徐来，海浪由远至近来到你的身前，穿过你的身体继续前去，你不必回避它，它远远的来，又去得远远。海浪和你的深呼吸有着相同的节奏，你徜徉在其中，尘念全消，仿佛正在天地慈爱的庇护之中。

每一次放松，时间大约以十五分钟最为适宜，每天可以重复两三次。假如有困扰的思想出现，随时可以做这种练习，把困扰赶走，让自己沐浴在轻松愉悦之中。

抛开过去积累的愤怒，我们需要适度的发泄。

人在平时能够得到放松，在情绪不好时能够得到疏导，对生命会很有帮助。有时候，适当的发泄大有裨益。

有一些人，因为过去受人欺骗，所以到今天仍旧害怕和人交往，更没有能够宽恕以前欺骗过他们的人。还有一些人，只为了年轻时候曾经受到同学的排斥和奚落，到后来一直为这种事伤心。也有的人因为第一次恋爱失败，所以再不肯重新追寻爱情。

有些事情并不是我们的错，但却偏偏要去承受。每个人都会面对这种情况，人人生命中都有怨恨，但是，怨恨要一个一个的化解，让它消失于无形；千万不能一个一个的堆积起来，让自己愤懑一生。

我们要及时清理思想中的残渣，使它不再停留在我们的心中，使我们不快乐。先哲说过："一切的回忆都有毒，不论这回忆是痛苦还是甜蜜。"如果我们能放开对过去的回忆，我们就生活在"当下"，可以享受生命，开创美好的将来。

请用一张纸，把所有缠扰你的往事都记下来。写完以后，不妨问问自己，你有没有决心把这些往事淡忘？究竟要怎么样，你才能够超越它们？你认为你应该永远受它们的支配吗？你不能多做些有益的事情，来赶走这些有毒的回忆吗？为什么别人可以把不愉快的往事淡忘，而你却不能？

抛开他人欠我们的债，我们需要宽恕他人，不要让仇怨在心中长成大树，吞噬本来的自我。

世界上有各种各样的人，有些人确实做了伤害我们的事。也可以这样说，嗔恨那些无缘无故伤害我们的人，是每个人的本能，并且看起来似乎也没有什么可谴责的。然而，他的所作所为是他的；你的选择是自己的，你的生命也是自己的，用这唯一的生命去追寻未来的幸福，还是用它来让过去的伤害发酵是你自己可以选择的。

嗔恨有可能将我们带入黑暗。"贪、嗔、痴"是佛教中的"三毒"。种种不好的事情，都由这"三毒"发展而来。你仔细想一想，就会证实佛说的一点都不错。生意失败、损失金钱，往往由贪欲而来；做错选择、找错物件、交错朋友、做错事情，往往由愚痴而来；破坏、犯罪，往往由嗔恨而来。人的所有过错，都离不了贪、嗔、痴三种原因。这三种毒，犯一次就要吃一次亏。不原谅别人，犯的正是嗔毒；这种毒，在刺伤别人以后，往往会反过来刺伤自己。

当然，对于任何人来说，原谅都不是轻松的事。在我们还不能完全宽恕别人的时候，不妨先作一种思维活动。这种思维，能够帮助我们把报复心清除。

首先，闭上双眼，想象你将怎样处理那个被你怨恨的人，要怎样才会使你宽恕他？你是不是要他受苦，才能宽恕他？如果是，你可以想象他正在受苦，受种种的苦。想象之后，你不禁会对他生出怜悯之心，会宽宏大量地饶恕他，不再想报复，不希望他真的受这样的苦。

这种思维活动只能偶尔做一次，不可以每天都如此。做完这种思维活动以后，就应该从此宽恕这个人，永远消除报复心。

换一种思维，感谢曾经的快乐与不快乐

杨安疗愈 感激是幸福快乐的真谛，感激是换一种思维的前提。所有的感激，其实都会汇成充满爱的心灵。爱世间万物，感激世间万物，用一颗感恩的心去“打量”万物，那上面定有细微之处让你心怀感恩。

有时候快乐，有时候忧愁，生命就是这样在反反复复的循环中前进着。有的人，在快乐的时候尽情地挥洒快乐，感谢并珍惜遇到的快乐，在忧愁时也能看到希望，感谢忧愁带给自己的思考；有的人在快乐时担心快乐的逝去，在忧愁时诅咒不幸的到来。无论发生什么事，永远也无法获得祥和的心态。感恩的心，是给自己最好的礼物，是对生活积极的回应。

怀着一颗感恩的心，去面对生活，去看待生活中的种种，会发现快乐的颜色更加鲜艳，而不快乐的颜色更加暗淡。只要心怀感谢，人生就会过得幸福而充实。

一个身在异乡的青年丢掉了工作，他只好四处寄求职信，但都石沉大海。一天，他收到了一封回信，拆开信一看，回信人斥责他没有

弄清楚该公司的经营项目，就胡乱投递求职信；并且，还指出了求职信中语句不通顺的地方，对青年进行了严肃的批评。

青年虽然有些沮丧，但转念一想，这是别人给他的第一封回信；而且信中指出的不足的确是他欠缺的。为此，他还是心怀感恩地回了一封信，在信中，他对自己的冒失表示了歉意，并对对方的回复和指导表示了感谢。没想到，几天之后，青年又收到了一封信，这是一份录用合同，录用他的正是当初回信拒绝他的公司。

这个青年从某些能力上说，的确有不足，然而，正是他那颗感恩的心打动了用人单位。常怀感恩的心，这个世界在我们眼中就会变得更加美好。

换一种思维，是在为自己的天空涂上喜欢的颜色。不管是快乐还是不快乐、有利还是不利，看事物的角度不同，最终得到的也就不同。同样的一枝玫瑰，有人说："花下有刺，真讨厌！"有人说："刺上有花，真好！"看到刺的人，挑着毛病、盯着不足，又怎么会心生感激？而那些看到花的人，尽管知道刺扎手，但却更欣赏花朵的芬芳，心中充满了带着芳香的幸福。所以，拥有感恩之心的人是幸福快乐的。

所有的感受，都是相对而言的。就好比一个流浪街头的人觉得自己不快乐，然而当他看到一个残疾人在路边努力卖报纸，也许就会心生愧疚，知道自己其实没有理由不快乐。而反过来，一个工资适中、生活安逸的人，如果羡慕别人的豪车，可能就会变得不快乐。所以，任何事物都有两面性，看到哪一面，取决于你自己；是否心存感激，让灿烂的鲜花开满生命，也取决于你自己。

罗曼·罗兰曾说道："只有把抱怨别人和环境的心情，化为上进的力量，才是成功的保证。"生命是一次次的蜕变过程，唯有经历各种各样的折磨，才能拓展生存的空间，没有经历过折磨的雄鹰永远不能高飞；没有被老板、上司折磨过的员工永远不能提高能力。平静的湖面，训练不出精干的水手；安逸的环境，造就不出划时代的英雄。

感谢能让我们从生活的反面吸收营养，而不至于被反面的情绪打倒。欺骗过你的人，增加了你的智慧；中伤你的人，磨炼了你的人格；打击你的人，激发了你的斗志；斥责你的人，提醒了你的缺点；藐视你的人，让你的自尊觉醒……正是在残酷的现实中，人们才能看到真诚的可贵；正是通过他人的蔑视，我们才懂得珍惜自己；正是曾经的挑剔与斥责，让我们懂得了宽容的可贵；正是曾经的伤害，让我们学会了独立、懂得了坚强。

所有的感激，其实都会汇成充满爱的心灵。爱世间万物，感激世间万物，用一颗感恩的心去“打量”万物，那上面定有细微之处让你心怀感恩。

感激是幸福快乐的真谛，感激是换一种思维的前提。当我们懂得跟逆境干杯，向敌人致敬，新的出路就会在前方出现。

有一条小河从遥远的高山上流下来，流过了村庄和森林，最后来到了沙漠。它想：“我已经越过了重重障碍，应该也可以越过这个沙漠吧！”

可是，它发现流过沙漠的时候河水渐渐消失在泥沙当中。它试了一次又一次，总是徒劳无功，于是它灰心了：“也许这就是我的命运了，我永远也到不了传说中浩瀚的大海。”它颓丧地自言自语。

这时候，四周响起了沙漠低沉的声音：“如果微风可以跨越沙漠，那么小河也可以。”小河不服气地说：“那是因为微风可以飞过沙漠，我却不能飞。”

“因为你坚持你原来的样子，所以你永远也无法跨越这个沙漠。

你必须让微风带着你飞过这个沙漠，到达你的目的地。只要你愿意放弃你现在的样子，让自己蒸发到微风中。”沙漠用它低沉的声音说。

小河可从来也没听说过还有这样的事情，慌忙说：“放弃我现在的样子，然后消失在微风中？不！不！”小河觉得很害怕：放弃自己现在的样子，不等于自我毁灭吗？“这真的可行吗？”小河接着问。

“当然了。微风可以把水气包含在其中，然后飘过沙漠。到了适当的地点，它再把这些水气释放出来，这时候水气变成了雨水。之后这些雨水又会形成河流，继续向前进。”沙漠耐心地回答。

“那我还是原来的河流吗？”小河问。

“可以说是，也可以说不是。”沙漠说，“不过，不管你是一条河流或是看不见的水蒸气，你内在的本质从来没有改变。你如果坚持是一条河流的状态，大概是因为你从来不知道自己内在的本质。”

此时在小河的心中，隐隐约约地想起了自己在变成河流之前，似乎也是由微风带着，飞过云彩、飞过高山，然后变成雨水落下，才变成今日的河流。

于是小河终于鼓起勇气，投入微风张开的双臂，消失在微风之中，让微风带着它，奔向它生命中的梦想。

我们的生命历程也像小河流一样，若要跨越人生中的种种障碍，达到自己想要的成就，转换思维，对自己的境遇心存感激，从而让生命不断地成长。

有时候机会隐藏在快乐中，有时候机会隐藏在不快乐中，有时候机会隐藏在你不得不走下去的路中间，但是只要你去寻找，总是会找到。当我们感觉路走到了尽头的时候，只要换一种眼光，就会发现其实路并没有到尽头。有的时候道路是曲折的，但只要积极探索，新的旅程就会出现。俗话说，“山重水复疑无路，柳暗花明又一村”，有的时候尽管没有了路，但是因为我们有脚，所以可以踏着我们脚下的土地，把它变成我们的道路。

越想控制就会越容易被控制

杨安疗愈 越是想控制，就越容易被这种情绪所控制。未得到及时处理的情绪会沉入到潜意识深处，成为我们的意识无法碰触的“黑暗”，这块“黑暗”与我们的意识分裂，经常会出其不意地导致一些可怕的、让我们彻底失去控制的事情发生。

不管是从个人的角度来说，还是从社会的角度来说，随时都会有难以控制的事情发生。于是，控制欲望就诞生了。个人控制自己，是为了压制一些令自己暂时不能忍受的体验继续进行。譬如，如果有谁失去了亲人，因为产生的痛苦太大，以前的心理结构会被彻底打破，这是极大的失序，我们惧怕，于是我们极力控制自己。

然而，越是想控制，就越容易被这种情绪所控制。无论自己怎么控制，怎么压制，怎么否认，失去亲人的巨大痛苦都不会消失。相反，它会沉入到潜意识深处，成为我们的意识无法碰触的“黑暗”，这块“黑暗”与我们的意识分裂，经常会出其不意地导致一些可怕的、让我们彻底失去控制的事情发生。

就个人而言，也许我们需要承认——其实有太多的事情我们控制不了。

例如，一个人想控制自己在演讲的时候不要紧张、不要口吃。但这样努力的结果是，她的脸红越来越重，她的控制欲望也越来越重，最终形成

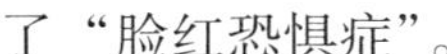

了“脸红恐惧症”。

在一个家庭中，以“爱”的名义去控制，也常常会导致相反的结果。

控制欲望强的父母，总是担心孩子的生活失序。比如，担心孩子吃不够，于是孩子不想吃了还强喂他；担心孩子冻着，于是孩子不冷还给他强加衣服；担心孩子上学迟到，于是每天都盯着孩子；担心孩子学坏，于是孩子抽一下烟、喝一点酒、打一个电话、偷偷写日记……家长都会暴跳如雷。

控制欲强的父母觉得，如果孩子失去控制就会有太多不可预见的事情发生，于是他们努力控制。但最终，他们收获的会是最大的失控——要么孩子的个人意志被他们的控制欲望摧毁，要么孩子叛逆而成为一个他们所惧怕的“坏孩子”。

在社会中，如果强制添加太多的干涉和控制，也会让一切最终失控。

乱世中长大的朱元璋从小就失去了很多亲人，这种经历让他有巨大的失控感，让他形成了强烈的控制欲。等他当了皇帝掌握大权后，便开始试图给所有人安排一切。他规定所有人应该穿什么衣服、怎么劳动、怎么休息……但最终，他的王朝还是陷入了巨大的失控状态中，先是他的儿子朱棣造反，接着他的孙子、他的孙子的孙子……他生前规定的那些秩序一步一步瓦解了。

纵观世界历史，冥冥之中仿佛有一个颠扑不破的真理：控制欲太强的强者，要么亲自制造了苦难；要么给后世的苦难留下了开端。一个总是不断诞生强人的社会，必然是一个严重失控的社会，这就是所谓的“乱世出英雄”。而在一个崇尚自由民主的国家，尽管也会有战乱，但却不容易诞生功劳和过失一样多的人物，或者将整个社会搅得一团乱的人物。

这样的人其实也想控制自己内心的失序，但他们做不到，于是他们去追求控制别人。他们内心越失控，就越渴望控制更多的人。最终，不管他们意识上的目的是什么，制造的或留下的多是苦难。例如，希特勒出于内心的狂躁混乱，妄图控制整个世界，却最终让世界陷入了极大的失控。

原来，强烈的控制欲来自内心的失序。那么，这种内心的失序，或者说控制欲是怎么出现的呢？

印度哲人克里希那穆提说："控制者和被控制者是什么关系？我脸红，我控制脸红，那么，脸红和你是什么关系？脸红就是我，脸红本来就是我自身的一部分。所以，一旦我试图控制脸红时，就是制造了分裂，脸红和我不再是一体，脸红被我当成了异己。"

这就是失序的根源——我想把本来属于自己的一部分排挤成异己，于是那部分开始对抗"我"。"我"越是排斥，那部分"异己"对抗得越厉害，它会成长得越来越强大。这种斗争让我陷入了失序，给我带来了极大的苦恼。

再来看看我们前面说到的失去亲人的悲伤。当一个人遇到悲剧，自然会悲伤。这悲伤不是外物，不是异己，而是你自身。要记得，在悲伤产生的时候，你不是别的，你就是悲伤，悲伤就是你。然而，我们总是试图消灭一切让我们感到痛苦、无助、不舒服的情绪，于是，我们试图消灭悲伤，并为此付出巨大的努力，于是悲伤成了异己。你越排斥，这个悲伤就成为越重要的异己，并最终体现在你的人格上，甚至身体上。

当然，将悲伤当成自己，并不是说我们应该沉浸在悲伤中，直到无法自拔。事实上，人身上所有的情绪就像走马灯一样，一直在不停地转。这一刻是这样，下一刻就成了那样。只要我们不人为地加以控制，或者说加以重视，一般情况下过一段时间之后，它就会被其他的情绪所取代。

愤怒、恐惧、嫉妒等其他情绪都是如此，既可能成为失控的根源，又可能自然地成为我们的一部分。因此，请接纳进入我们情绪的每一种体验，承认在某一时刻，体验就是我们自身。

罗杰斯说，所谓的“自我”就是一切体验的总和。克里希那穆提说：“当你悲伤时，你最值得做的就是和悲伤融为一体。其实，本来就是一体。但我们总以为，此刻，不应该是悲伤占据了‘我’，而应该是另一种情绪，这就制造了分裂。”

“我”要公正地对待每一种情绪，每一个时刻，接纳当下的体验，活在当下。

一切降临到我们身上的，不是“不应该”，而是“应该”。当下这一时刻产生的感觉、情绪和情感，就是当下的唯一。如果你这时脑子里生出了另一个“我”，就是没有活在当下。

只要我们不去破坏负面的情绪，不强制和它们拉开距离，负面的情绪就不会破坏我们。所以说，忧伤、愤怒、焦虑、嫉妒等都不是问题，问题是我们试图消灭它们，我们以为控制了它们就控制了局面，以为这个受到控制的局面是秩序。其实，真正的秩序是自由，是顺其自然，是活在当下。记得，那个情绪就是你，而不是“你的情绪”。这是一个很简单，但又似乎很难懂的道理，因为我们太多时候是抱着“我”以及“我”所产生的控制感，不愿意放手，不愿意交托及信赖。

寻求内心世界与外在世界的平衡

杨安疗愈 生命向着两个方向成长，一个方向是向外无比辽阔地去发现世界；另一个方向是向内无比深刻地去发现内心。平衡是一种美。如果一个人的内心和外部世界达到平衡的境界，他就会给他人带来赏心悦目的感觉。

大家都知道，平衡是一种美。如果一个人的内心和外部世界达到平衡的境界，他就会给他人带来赏心悦目的感觉。平衡是一种润物细无声的力量。处在平衡中的人会散发出和谐的影响力，让周围的人和环境也趋于平衡。如果忽略内在的平衡，而将所处的混乱全部归咎于外部世界，将永远也找不到生命的源头。

我们的内心，究竟怎样才能获得内外兼修的平衡？

生命向着两个方向成长，一个方向是向外无比辽阔地去发现世界；另一个方向是向内无比深刻地去发现内心。每个人看这个世界，有的时候会愤慨，有的时候会悲悯，有的时候会困惑，有的时候会焦虑。我们对世界感觉到最愤慨的时候，其实就是开亮一盏灯的时候。当一种风险突然呈现在眼前，就是我们接近真相、了解事实的时候了。我们可以通过心灵的旅行，找到隐藏在心中的潜意识。

当我们能在内心建立一个时刻觉悟的天平，就开始接近生命真正的尊严和自由。

儒学中有“一日三省吾身”的观点。为什么要反省自己呢？《论语》中提到，要从三个方面反省自己。第一问是“为人谋而不忠乎？”反问自己，在做一项工作时，我忠于职守了吗？第二问是“与朋友交而不信乎？”反问自己，在社会角色中，信守对他人的承诺了吗？第三问是“传不习乎？”反问自己，对于外界传播给自己的信息，我是否能抽丝剥茧、去伪存真，将真正有用的东西转化成自己的经验？

如果能够做到这三点，我们的内心也会趋于澄净、平和，我们的心胸和眼界将更加宽广。不受到外界刺激的干扰，保持自己的判断力和方向感。当我们成为掌握自己航向的舵手，内心能够给予自己充分的肯定，就能享受到自尊与自由。

要想收获卓越的人生，首先得让自己保持高效和健康的生命状态。

内在表象、生命状态与生理状态之间相互影响、相互依存。要想让自己的生命保持卓越的状态，我们可以通过调整内在表象，让生命状态保持正常。内在表象由人们自身的信念、价值观和思维模式所产生。我们接收外在的信息，并对其进行过滤，产生属于每一个人独特的内心世界。也就是说，我们自己的世界是自我思想的产物。

如果我们的生命状态不佳，就说明我们在自己创造的世界里感觉不协调。起因往往是我们自己认为的世界和外在真实的世界相距太遥远，也就是失真了。

我们之所以处在自以为是的世界里，恰恰是因为我们自身偏颇的观念。内在和外在的差异，导致我们的言行和决定会在客观世界里受挫，进而导致了挫折的产生。而挫折感又会产生新的限制性信念，让我们在面对未来时更加束手无策。

那么我们需要做的是什么呢？无非就是拉近这两个世界的距离，让我们自己所创造的世界和真实的客观现实世界相近。通过学习，和自己的潜意识沟通，我们可以调整生命状态中的信念、价值观和行为模式。积极的生命状态可以让人专注、放松、乐观、积极，也会让人们潜意识中的智慧诞生。

从理论上来说，每个人都可以让自己的生命价值得到完全的实现。可是大多数时候，我们自己的内耗导致状态不佳，从而让本来可以获得的成就擦肩而过。

不妨思考一下，在我们之前的人生中，究竟花了多少精力用来创造和实现生命的目标？算一算百分比就会发现：实在是太少了。改变错误的信念和价值观，冲突和内耗就能降到最低的限度。建立新的信念，对于这个世界万事万物的视角也发生了改变。自然而然地就会让自己很好地与身边的环境相处，获得良好的生命状态。

在调整自己的信念方面，孔子为我们指明了方向。

一是勿臆，就是不要主观。二是勿必，所谓必须是思维方法上的一种较劲，判断力是第一位的，给自己一个20度的夹角，只要保证自己的方向不要走得过于偏离就好了。三是勿固，就是不要固执。中国人关于方法论最高的境界是四个字：法无定法。一个人终于不再因为方法而执着于技巧的时候他就完成了超越。四是勿我，就是凡事不要自我中心进行思考。我们判断错误的根源，是从自我出发的错误的看法。只有在破除自我的时候，世界才会变得客观和冷静。水在安静的时候，才能照见一切。人心只有像水一样静下来，在安静的这种情况下才是明亮的。有这样一个故事，告诉我们什么叫"破除自我"。

一个外地人到布店买三米布。店主说8块钱一张，一共24块钱。买布的人说："我一直记得三八二十三，你为什么要收二十四呢?"就这样他们争吵起来，很多人围在布店前面观看。有个小和尚看不下去了，过来劝解，他说："你敢跟我打赌吗？打完赌之后，我们就去见师父，他说三八是多少就是多少。"这个外地人就说："我用项上人头做赌注，三八明明是二十三。"徒弟说："我用我的僧帽做赌注，三八的确是二十四。"

于是两个人就去见师父。师父了解情况后，不以为然地说："哎呀，三八就是二十三，把僧帽给人家吧。"这个徒弟很窝火，但还是遵从师命，给了对方僧帽。

过了几天，这个小和尚心里还是窝火，就跑去问师父："师父，难道三八不是二十四吗？你为什么要说谎?"师父反问："是帽子重要还是脑袋重要？三八当然是二十四，可如果你输了，不过是输了一顶僧帽；但却他输了，却是脑袋呀。什么是佛的境界？就是站在最宏观的格局上判断最高的理，而不是在局部真理上较劲。”

很多时候，我们认为自己是对的，事实上也可能在某种角度看它确实是对的，然而，我们若站在超越自我的角度上看，也许会有另一个结论。当宏观与微观能够形成对照的时候，我们就可以把握未来的很多决策。用内心的智慧给自己一个明确的判断，让一个人抱有信念宁静地往前走。

第七章

摆脱负罪感，心怀感恩度过每一分钟

我们不可能每件事都做对，生活也不可能总是将我们带上正确的道路。面对过往的种种选择，有过错、有过对，我们是否为了曾经的言行懊悔、恼恨过？是否沉浸在机会的错失中久久不肯原谅自己？而对于外界降诸的不幸，我们是否会怪罪于自己，觉得是自身的某种残破招致了这样的人生经历？我们不该在负罪感中走过今后的生活，爱与感恩就是照亮心扉的阳光。

错过是另一种收获

杨安疗愈　只有继续向前走，也许你还能在某个岔路口看到你曾经错过的，也许你还有机会改变。错过了，我们更懂得珍惜现在。错过之后，其实别有一番美丽的景色。不因错过而忧伤，不因错过而抱怨，或许我们会收获更多。

行路匆匆，我们难免会错过很多美丽的景色。有些人、有些事，让我们至今想来都充满遗憾。有的人总想凭借自己的努力去挽回曾经的错过，然而多半是无用的；有的人沉浸在错过的遗憾中，不肯向前。

然而，就像泰戈尔说的：如果错过了太阳时你流泪了，那么你也要错过群星了。既然已经错过，就不要再给错觉。错过了就是错过了，停留在原地，也不会等到原来的交集。只有继续向前走，也许还能在某个岔路口看到你曾经错过的，也许还有机会改变。

快到圣诞节了，神甫在教堂里整理各地捐献的衣物。他将这些衣物分门别类地装进箱子里，一会儿这些箱子就要被寄走，送到各地需要衣服的穷人手中。忙着忙着，神甫觉得有点累了，就随手摘下眼镜放在箱子里的衣物上。休息了一会儿后，他又继续干活了。

忙了一天，终于把所有的箱子都寄走了。这时，他才想起来，自己把眼镜也封在箱子里寄走了。神甫叹了口气，准备明天再去配一副眼镜。第二天，他所在的教堂收到了从别的教堂寄来的圣诞物品，他可以在圣诞节那天分发给附近穷人。他打开箱子，赫然发现，寄来的物品中，就有一副眼镜，而且他戴着正合适。

这样巧合的事，也许并不多见。但错过不是我们生命中丢失的音符，没有它，我们一样可以弹奏出优美的曲子。也许错过只是生命中的感叹号，提醒我们注意一些曾经被我们忽视的东西，比如，生命中的感动、奇迹和相逢的快乐。如果总是对错过抱怨、后悔，甚至一直纠结于错过，此时的错过反而成了一种过错。认真地分析对待过错，会让我们懂得它想告诉、提醒我们的事。

在错过中，我们吸取到很多经验。错过了，我们更懂得珍惜现在。错过之后，其实别有一番美丽的景色。不因错过而忧伤，不因错过而抱怨，或许我们会收获更多。

比尔·盖茨错过了大学，照样成就了一番大事业。乔布斯错过了与别人合作的机会，白手起家，同样做出了让他人称赞的事业。就拿他那被人咬了一口的“苹果”来说吧，苹果引领新潮流，它以其华丽的外表，丰富的内容赢得了广大消费者的青睐。

错过之后的乔布斯是如何做到这一步的。那是因为他在错过之后没有放弃，依然坚持。或许正是因为这种错过，才让他懂得了如何抓住机会，把握机遇。所以说，上帝在关掉一扇门时，又为你打开了一扇窗。错过之后，其实没有那么残酷，或许我们会收获更多。

错过了，不可怕，学会分析、积极对待，你会发现生活虽然没有在你希望的地方给你什么，却能在拐角处给你惊喜。珍惜现在得到的，不论这个结果看起来有多么糟糕，你会发现，其实错过可以是收获的开始。

乔利·贝朗是个穷孩子，很小就在别人家里做仆从。有一天，他不小心把女主人的大衣弄上了油渍。大衣很昂贵，乔利·贝朗根本赔不起，只得给主人白打一年工。因为大衣不能穿了，女主人就把脏了的大衣送给了他。贝朗住在狭小的阁楼上，他便把大衣挂在墙上。过了些日子，他忽然发现大衣上的油渍消退了一些。再过了些日子，油渍又消退了不少。他感到很好奇，就研究大衣变干净的奥秘。因为大衣就挂在一盏煤油灯的旁边，他推测可能是煤油灯的烟里有什么成分能够清除油渍。于是，他每天晚上都在狭小的阁楼里研究，做实验。后来，他成了干洗剂的发明者、干洗业的创始人。

有时候，生活就是这么奇妙，会将我们希望得到的东西换个样给我们。有人做了错误的实验，没有得到想要的实验结果，却意外地从这个错误的实验中发现了青霉素；有人得到了一个糟糕的药方，将它变成了可口可乐的秘方。

《圣经》中说，当上帝为你关上一扇门，必定会同时为你打开一扇窗。曾经错过了，不等于永远失去了到达目的地的可能。

根据能量守恒定律，很多时候生活是“失之东隅，收之桑榆”，有失也有得。一次的错过，可能造成了人生的一次缺憾，但也磨炼了人生，成就了人生一种别样的美丽。错过也是一种美，所以立意时要把握豁达、积极地看待错过；错过也是一种收获，从错过中要吸取经验，从错过中看到另一种可能。

小的时候，全家到北京玩，爸爸答应带我去看升国旗。为此，我兴奋了大半夜。第二天，天刚泛白就踏上了客车，没想到半路上堵车了。赶到天安门广场时，升国旗仪式已经结束了，红色的国旗在空中高高飘扬着。我不禁哇哇大哭，为自己错过那个壮观的场面而遗憾。

过了一会儿，一直沉默的爸爸俯下身对我说："小傻瓜，你看，太阳出来了。"

我带着满脸的眼泪仰头看，正看见万缕金光的光芒，那样大气磅礴地覆盖了天空，为天空染上了一层耀眼的色彩。如此震撼的美丽，让我小小的内心有了奇异的感觉，感觉那金色的光是上天派送给我的信使，扫去了我心中的失落，换得满心欢喜。

人生就像一场旅行，我们不可能看到所有的美景，却可以珍惜眼前的景色。只要有懂得欣赏的眼睛，谁说它们就不是美景呢？杭州的荷花远近驰名，如果你错过满池荷花，还能收获一塘清新的荷叶；黄山的云海波澜壮阔，如果没能看到，还可以看黄山的怪石……旅行并不一定是追逐那些世人眼中的美景，那些不经意的收获也同样美好。而错失一段风景，你又怎么知道不会在下一段旅途中遇到更好的？学会在错失中收获，一拐弯，便是一份意外的感动。

错过是让我们在惊叹的停顿中，感悟我们的生命。人生如奔驰的列车，车窗外变幻不定的景色不断闪动，我们可能会错过其中的某一美景、奇景，但只要善于细细咀嚼这错过的苦果，我们依然能从怅惘中升华出省悟，甚至酝酿出诗意与哲理。你的生命或许因此而更有深度，你的心灵或许因此而更添光彩。

心中的负罪感从何而来

杨安疗愈 抑郁和焦虑是常见的潜意识负罪感的表现形式。当一件微不足道的小事在潜意识中与“错误”相连，与受惩罚的需要相连，焦虑就出现了。

有的时候，我们会在内心谴责自己。我们知道，那是负罪感，它看起来颇为神秘。负罪感是一种比较主观的感觉，当人做了一件违反了自己良知的事情（愧疚的程度和道德底线有关系），在事后就会对自己的行为产生后悔的情绪。一旦触犯某种禁忌，或自以为触犯了某种禁忌，没有尽到应尽的义务，没有达到期望的理想状态，我们就会产生程度不同的负罪感。

负罪感取决于众多的、也许并不合情理的主观因素（如个人性格、经历、潜意识、价值观，等等），人们有时意识不到自己被负罪感困扰着。因此，除非表现出明显的病态，否则很难分清哪些负罪感是正常的，哪些又是病态的。要弄清楚这种千变万化的复杂情感，就要追究它的来龙去脉，看清楚它隐藏的本来面目。

我们心中的“界限”来自何方？

为什么有些人允许自己偶尔犯些小错，有些人却不能允许自己犯错？为什么有人会为过马路不走人行横道这样的事自责，而大多数人都能泰然自若地犯规？为什么某人杀了人还觉得自己有理，而某个中学生却能因为数学得了零分就自杀？为什么有人在寻花问柳时不觉得良心过不去，而一想到偷税漏税就会忐忑不安？

除了法律和道德，人们还有另外的尺度来分清善恶，判断什么该做，什么不该做，那就是每个人的“超我”。它取决于幼年时父母规定的禁忌，以及父母自身对待法律和错误的态度。

我们对自己行为的感受，取决于两个因素：超我的严厉程度和我们所犯的错误本身。如果我们的良心善于为自己开脱，我们可能就会对自己说：明天再干也没什么，反正截止日期还早。反之，如果我们良心是极其严厉的法官，我们内疚的程度就会和错误的严重性不相符。

除此之外，负罪感还来自幼年的未满足的期待。例如，有的时候我们会莫名其妙地心烦、因为一点小事和人争吵。在很偶然的情况下，我们会反思：刚才他只不过没有按照我说的往旁边挪一挪，我为什么就怒不可遏地和他吵起来了？是不是我特别讨厌不听从自己的人？是不是在那一刻，我的潜意识回到了童年时代，把自己当成谁都不重视的小孩子了？这种因为负罪感引起的反思，也许会在人生的某个阶段出现。

通常这种负罪感不易为人觉察，但在某些情况下会强烈爆发。如车祸、袭击或谋杀事件的幸存者，他们亲眼看到别人遇难，而自己却大难不死，活了下来，就会怨恨自己：“为什么我没事？为什么我没跟他们一起去死？”似乎安然生还也成了严重罪过。

当我们自我厌弃的时候，负罪感会成为让自己受惩罚的出发点。

有些人的生活似乎总是充满了不顺，他禁不住抱怨上天的不公：我的生活充满了失败，恋人背叛我，朋友抛弃我，所有计划都没有成功！这种情形我们称之为“挫折神经症”，是潜意识里负罪感最为常见的发作形式之一。

抑郁和焦虑也是常见的潜意识负罪感的表现形式。当一件微不足道的小事在潜意识中与“错误”相连，与受惩罚的需要相连，焦虑就出现了。

有的小孩总是闯祸，还常常弄伤自己，似乎故意让自己受伤或受惩罚。其实，这并不是孩子的专利，在任何年龄段，人都会不由自主地被潜意识里的负罪感驱动，寻求各种惩罚，如挨耳光、生病、摔断腿等。

还有一个超乎我们预料的惊人事实是：当潜意识负罪感过分强烈时，还会导致犯罪。这是很多看上去没有任何动机的犯罪行为的根源。罪犯不知道，他的犯罪行为是为了摆脱内心无休止的折磨，最后让法律宣判自己有罪，从而惩罚自己。

负罪感究竟是人的常态还是病态呢？

精神分析专家认为，负罪感介于正常与病态之间，而且无法把两种情形截然分开。

适当的负罪感有助于我们对自己进行反思，对过去的错误作出总结。不过，如果发展到极端状态就会造成强迫症状，非要将一切过错归咎于自己，即使明知道自己没有做错什么事，也会时时刻刻害怕自己在某一瞬间失去控制，去侵犯、侮辱什么人，或者对人家说下流话。

有的人因为负罪感患上了忧郁症。他们认为自己应该对全人类的不幸负责，别人杀人放火都是自己的错，世界上一切不幸的事情都应归罪于己。在内心深处，这种人严重缺乏自我认同，他会认为自己一无是处，不配活着。这种病症有时会导致自杀，要治愈必须求助于专业医生。

还有一些人，为了摆脱负罪感的折磨，反而用它来逃避应负的责任。他们习惯反复强调自己的过错：“我有罪，我十恶不赦，看看我多么严厉地惩罚自己，我多痛苦……”这样一来，别人还能说什么？只有闭上嘴巴。

其实，在他们的潜意识中，试图用这种方式在世人面前鞭挞自己，以求得宽恕、赦罪。这种行为，往往只是为了摆脱对自己的欲望承担责任。

言外之意就是："千万别指责我。为我的错误付出什么代价，这得由我决定，也只能由我说了算。"

还有的人看起来十分缺乏负罪感，例如屡教不改的少年。某些青少年罪犯似乎丝毫没有负罪感，在犯罪时，毫不犹豫、手段残忍。对此，精神分析学家认为："人在青少年时代较少内疚感。这一年龄段充满挫折，有很多诉求，在破坏、偷窃时觉得理直气壮，这是对严峻的成年世界的反抗。"

尤其是集体犯罪时更是如此。因为一切犯罪看起来是团体所为，这会使个人摆脱负罪感。集体中的每个少年都觉得错事不是自己一个人做的，因而没有负罪感。所以，一旦被抓住，少年犯往往拒不承认自己的过错，会竭尽全力为自己辩护。只有侥幸逃脱的那个人才开始受到良心的谴责，因为他有时间反思，悔恨——单独面对自我的时候，他才有罪恶的感觉。

综上所述，负罪感的表现形式千变万化，而且往往难以觉察。它和深层次的心理有关。当我们有了负罪感，就是一次向内关照自我的契机。尽管任何一种负罪感都会带来痛苦，但是，我们需要让自己透过负罪感看到生命中某一时刻的缺失，以便更好地抚慰自己的心灵。

放下负罪心理，用爱抚平心灵的创伤

杨安疗愈 我们要对自己的生活负起责任，爱自己所过的生活。这种爱，需要的是责任感，而不是负罪感。每个人的人生中，需要的不是负罪感和自我惩罚，而是用爱的光芒驱散过去的迷雾。

很多人以为负罪感是很好的感情，一个自责的人是一个有良心的好人。这听起来似乎很有道理，然而实际上，自我谴责很少能给我们带来益处，也几乎不能改变我们的处境。因为生活中的所有处境都是我们自己造成的——用自己的意念、感情和情绪；而负罪感是最具破坏性的一种情绪。

心理专家遇到过这样一个来访的年轻女性。她患有一些破坏性的疾病，如风湿性关节炎等。随着治疗的深入，心理专家发现，她一辈子充斥着自我惩罚的渴望，这种情况从童年就开始了。她总是遭遇各种各样的外伤，多次手脚骨折。她听任自己身体发胖，发育停滞，一点也不爱惜自己，尽管面貌姣好，却胡乱穿衣。她还曾几次试图自杀。

从小时候开始，她的父母对她就非常严苛，不断让她扪心自问，为每一个几乎无关紧要的行为和错误惩罚她。他们喜欢说的话是："上帝会惩罚的！"父母将潜意识的自我毁灭程序传给了自己的孩子。于是，随着时间的推移，小女孩渐渐形成了对世界的一种看法，以为负罪感是世界上最主要的感情。当她做了什么错事的时候，自我惩罚的毁灭机制就会启动。

针对这个情况心理专家对其进行催眠，在她生活的各个阶段以一个"智慧而善良的导师"的面貌出现，教她用新的方法理解世界。催眠师向病人提出一个神奇的问题："为什么？""你惩罚自己、责骂自己、批评自己是为了什么？"

从小的时候开始，成年人就将负罪感和惩罚联系起来。可是，惩罚只能教人不可以做什么，却不能教人应该做什么。久而久之，我们在自己的周围框上了一个框，当我们刚要跨过框框时，自我惩罚机制就会自动（也就是下意识地）启动。

此外，惩罚和负罪感总是和疾病、痛苦、不幸事件、屈辱、愤怒联系在一起。自责会引发自我惩罚，自我批判，而它们同样会把伤痛和痛苦引入我们的生活。

那么，如何摆脱潜藏的负罪感呢？

第一件要做的事情就是对自己的生活负起责任，爱自己所过生活。这种爱，需要的是责任感而不是负罪感。理解这两个概念很重要。

在上帝面前没有罪人，你没有过错，别人也没有。这就是说，负罪感只是人们想象出来的，是人们建构的幻觉，而且是一个将人们束缚在某个框框中的很方便的幻想。这样很便于摆布他人。就像上面说的，父母就是用唤起负罪感的方法教育、摆布孩子的。这无异于迫使孩子贬低自己，相信自己比别人差，不配得到任何好的东西，因为自己行为不端，成人对孩子的这种态度会造成孩子的很多缺陷。长大后，负罪感和自我惩罚、自我否定就成了孩子一种自发的习惯。

为了某种失败或错误而责备自己是没有意义的。这不会使我们变得更好，只能给我们带来痛苦和委屈。以责任感代替负罪感，意味着学会在生活中作出选择。罪过和惩罚没有给我们提供选择的余地。而责任感却能使人建立新的思想和行为方式。重要的不是简单地停止做什么，而是学会做一些新的、比过去更积极的事情。

我们需要的是创造之爱，而不是在自我惩罚中毁灭。

例如，你在无意中让自己的一个亲近的人难过了。这个局面是你造成的，但也同样是对方造成的。你的攻击性引来了对方的某种情绪，而他把你拽入了他的怨恨情绪之中。双方都没有错，只是两个不同的人对同一事件的不同反应。每个人都有一定的意念，也都得到了相应的结果。

由此归纳，负罪感会让我们出现以下几种反应方式。

第一种，你觉得自己是有罪的。如果这些思想是攻击性的，那么我们就会得到所谓“坏”的东西。

第二种，你觉得自己是对的，但不改变自己的行为。下次遇到这种情况时，还会造成同样的局面。你的人生就好像陷入了循环的圈，你会经常给周围人带来伤害。

第三种，要对自己负责。搞清楚，自己的哪些行为和意念造成了这个局面，把这件事从头到尾好好想一想，看看自己从中学到了什么正面的东西，然后建立新的行为方式、新的思想。所以，我们要学会原谅自己，要原谅自己的过去、现在所做的事，并提前原谅未来的事。每个人的人生中，需要的不是负罪感和自我惩罚，而是用爱的光芒驱散过去的迷雾。

如果我们爱自己，并以同样的爱对待周围人，生活就会为我们准备所必需的一切。

当你学会无条件地爱自己，整个世界都会向你敞开。要爱自己，不是自大和自私，而是对这个世界上的一切人和物保持着同样的爱。爱自己就是不断提高修养，完善自己的性格，以便为周围的世界带来更多的幸福。世界上其他的一切——只是积聚爱和实现爱的方式。

我们来到这个世界是来学习某些经验的，每个人都有自己的道路，我们都在通往这个目的地的路上。而这种心愿，这种神秘的力量将我们大家联系在一起。所有的正确、错误都是自然，都不奇特，要接受自己、爱自己，接受和爱这个世界的本来面目。虽然你也可以带着愤怒、怨恨和负罪感走完自己的道路，但那样，你就要对这些感情给你生活带来的破坏负责；而不要谴责自己或环境，因为这是你的选择。

在这个世界上生活得越久，你就越愿意带着爱走过这个世界。爱并不比恨更好，只不过，爱是认识宇宙法则的更轻松、更愉快的工具。

做好能做的事，不是做好想做的事

杨安疗愈

我们不能左右社会，但却能为社会的进步贡献出自己的一份力量。在不懈地努力之后，具有成熟的思想、过硬的本领和真才实学，才有能力去做想做的事，从而使自己为社会多作贡献。

孟子说，让你搬走一座泰山，你无法做到；但替一位老人折一根树枝，却是轻而易举的事。如果连这么容易的事你都不愿意做，那你还能做什么呢？可见，古代哲人孟子主张，做好自己能做的事，是安身立命之本。

要想体现自己的人生价值，首先应当努力做好自己能做的事。一个人的能力有大小，但只要用心做了，就无愧于己，也无愧于人。

做好能做的事，说起来容易做起来难，这不仅要求我们坚忍踏实，更要求我们有一种执着、永不言弃的精神。做好自己能做的事，是一种气概，一种能力，一种进步，这需要我们有执着的精神，奉行“千磨万击还坚劲，任尔东西南北风”；需要我们有乐观的心态，坚信“柳暗花明又一村”。做好自己能做的事，实际上是对我们意志、毅力、心态的考验与磨砺。做好自己能做的事，是在成长中前进的基础，是改造周围环境的先决条件，是走向成功的必经之路。

一位青年满怀烦恼去找一位智者，他大学毕业后，曾雄心勃勃地为自己树立了许多目标，可是几年下来，依然一事无成。他找到智者时，智者正在河边小屋里读书。智者微笑着听完青年的倾诉，对他说：“来，你先帮我烧壶开水！”

青年向灶台看了一眼，只看到了超大的水壶，却没发现柴火，于是便出去找。他在外面拾了一些枯枝回来，装满一壶水，放在灶台上，在灶内放了一些柴火便烧了起来。可是由于壶太大，那捆柴火烧尽了，水也没开。于是他跑出去继续找柴火，可回来时却发现那壶水已经凉得差不多了。这回他学聪明了，没有急于点火，而是再次出去找了些柴火。由于柴火准备的足，水不一会儿就烧开了。

智者这时问他：“如果没有足够的柴火，你该怎样把水烧开？”

青年想了一会儿，摇摇头。智者接着说：“你一开始踌躇满志，树立了太多的目标，就像这个大水壶装的水太多一样，而你又没有足够的柴火，所以不能把水烧开。要想把水烧开，你或者倒出一些水，或者先去准备柴火！”

青年恍然大悟。回去后，他把计划中所列的目标画掉了许多，只留下最可能完成的几个，同时利用业余时间学习各种专业知识。几年后，他的目标基本上都实现了。

曾经，我们想做的事太多。我们感到自己当初有如此的万丈豪情、壮志雄心，但往往事与愿违、一事无成，其实可能是我们总想得太多，做得太少。我们只有做好能做的事，才能去做想做的事。只有删繁就简，从最近的目标开始，先做好能做的事，再去做想做的事，才会一步步走向成功。

很少有人能成为一部机器，但大多数人都可以成为机器上的一颗螺丝钉。不要抱怨、不要挑剔，无论我们被拧在了机器的哪个地方，都可以在那里熠熠生辉，都可以在那个地方发挥应有的作用。

当然，也并不是说，对于想做的事就一定要克制自己不去做；而是很多时候，做好自己能做的事，才能去做自己想做的事。

有很多时候，受环境所限，我们没有能力直接去做想做的事。我们不能左右社会，但却能为社会的进步贡献出自己的一份力量；自己不能强迫别人改变意志和观念，但却能改变自己。在不懈地努力之后，具有成熟的思想、过硬的本领和真才实学，才有能力去做想做的事，从而使自己为社会多做贡献。

我们不能做到事事顺利，但可以做到事事尽力。有些事情，虽然我们能做，却并不等于能一蹴而就，在执行的过程中，以下几点是需要注意的。

1. 在做之前分析事情的可行性，遇到困难时，不要轻易放弃

做什么事情都会遇到困难，做大事就会遇到大困难。在没做之前，就要估算出过程中有可能遇到的困难，做好相应的预案。遇到困难的时候，想一想，有没有解决措施？这个解决措施需要多大的投入、有没有能力承担这份投入？或者，是不是现在并不是做这件事的最佳时机，只能放弃这件事？如果确实有不可跨越的困难，就要提早放弃这件事，等到想到解决方法再去做。不要以一种赌徒的心态去做事，那无益于成果的取得。

2. 有所行动时，可以询问身边人的意见，但不要盲从

身边的人对你的个性、你的能力都有足够的了解，询问他们的意见，可以给自己一个准确的定位。而且，将自己的想法告诉众人，同时也就得到身边人的支持，这也是成功做事的一个重要保障。当然，最好去询问那些专业人士。

3. 预测自己做这件事的成本和失败可能带来的损失，要有心理承受能力

如果某件事情你觉得自己能做，可是又没有十足的把握，但还是忍不

住尝试，那么，不妨做最坏的打算，计算一下失败后自己会损失什么。如果十分想去做，只要觉得自己能承担相应的后果，就可以制订相应的计划。不过，做任何事都有失败的可能。所以，在做一件事之前，在你还不知道自己是否适合它的情况下，要考虑好自己是否能承受失败的打击，以及随之而来的压力。如果没有那份心理承受能力，请重新考虑。

4. 如果认为自己已经能做想做的事，开始的时候，可以进行试探性尝试

如果拿不准自己是否适合做某件事，可以进行试探性的尝试。当然，试探要有“度”，不能干扰现在的生活秩序。在实际体会中确定这件事是否可行，如果不行，也能更好地断绝自己的空想。当然，也许你会有意外的发现——原来这件事非常适合你。那么，赶快去做吧。

总之，凡事要量力而行，不是放弃梦想，而是暂时搁置空想，争取进步的空间。所以，当你想做而做不到时，不要懊恼，应该将它作为今后的目标、今后的挑战，相信你终有一天能够征服它。有挑战的人生最有滋味，但挑战不是有勇无谋，一步一步接近目标，才更能享受成功后的喜悦。要相信，你的梦想值得你用一生去完成。

心怀大爱，就是对自我心灵最大的救赎

杨安疗愈　最好的救赎自己心灵的方式，莫过于让爱的光芒照亮内心。让心中充满爱，不仅仅是为了自我救赎，更是为了更清晰地掂出生命的沉重，寻找属于自己的路。

很少有人能终身一帆风顺，几乎所有的人都会遇到这样或那样的人生坎坷。由于每个人的自身情况和生活际遇的差异，如何走出心灵的困境就成了所有人要面对的人生命题之一。

那些看不到出路的人，将陷入一场持久的难以名状的迷茫和困惑之中。有的人用拼命工作来化解心中的忧愁；有的人用金钱满足自己内心的空虚；有的人沉迷于酒精、麻将或网络；有的人借着报复社会来释放内心的恐惧；有的人将自己包裹起来，生活在象牙塔里……

也许有一天，有些人会找到救赎自己心灵的方式。然而，万变不离其宗，最好的方式，莫过于让爱的光芒照亮内心。让心中充满爱，不仅仅是为了自我救赎，更是为了更清晰地掂出生命的沉重，寻找属于自己的路。

成熟的思想和对爱的信仰将为我们指明方向。

没有思想的大脑好比缺乏发动机的汽车，怎样也无法跑出应有的速度。从古至今，从来都是崇高的思想将人类带入新的高度。思想是我们从学者、文人或是普通人的言行和观点中获得的人生启示。而信仰是最质朴的为人处世的基本道理，是对自己内心的洞察和对万事万物的爱意。

人带着原罪而生，人应该抱有一种忏悔的精神，时刻省察自己的过犯；而多半情况下人自己又不能克服自己的原罪，所以才有了权利的相互制衡。

对自己和周围环境的客观判断，是思想成熟的标志。当与别人发生矛盾的时候，我们习惯性地认为一定是对方有问题，而不是首先省察自己，看看是不是自己的所作所为有什么不合理之处。如果问题确实不在自己，也要尽可能地给对方以宽容和理解，在坚持自己道义底线的前提下，妥善处理双方面对的问题。

当我们陷入迷茫和困惑，内心不够坚强又缺乏自信，在信仰中可以找到坚定的力量。将自己的一切都交托给信仰，做好自己应当做的，而不为收获发愁。要知道，该得到的一定会得到，不该得到的你永远也得不到。放下我执，内心便有了更多的喜乐和平安，逐渐代替了从前心中的忧和愁。

爱和宽容是对自己和他人最好的尊重。

《圣经》中提到："爱是恒久忍耐，又有恩慈；爱是不嫉妒；爱是不自夸、不张狂。不做害羞的事；不求自己的益处；不轻易发怒；不计算人的恶。不喜欢不义，只喜欢真理。凡事包容，凡事相信，凡事盼望，凡事忍耐。爱是永不止息。"

溺爱不是爱，纵容也不是宽容。宽容是爱的一种，基本含义是为人处世的一种生活态度，当遇到与自己在观念或利益上有某种冲突的某些人，或遇到某些不顺心的事情，也能以豁达乐观的态度去面对，尊重理解他人的心情。

有原则的爱才是有力量的爱，这与无原则的溺爱是有本质区别的。

有些人因为环境的熏陶和自身境界的问题，有可能会作出不合乎公理道义的行为。那么，又应当如何面对这些人在道义底线之下的行为呢？如果只是采取无所谓甚至为虎作伥的态度那就是纵容。宽容不同于纵容之处，是在坚决表明不赞成态度的前提下，对于超越道德底线的人予以某种程度上怜悯和谅解，并给予对方精神上的理解和人格上的尊重。

要想获得内心的喜乐和平安，就要让自己学会处理爱与恨。

在我们懂得信仰、感恩、爱、宽容、理解的同时，也应学会忘记应该忘记的，比如：痛苦和仇恨。

喜悦和爱意是双胞胎，痛苦和仇恨是双胞胎。如果一个人的内心被爱占据，则喜乐和平安也必然会伴随着他；如果一个人的内心被恨占据，那么痛苦也会如影随形。通常来说，一个人内心爱恨的多寡，决定了这个人为人处世的基本态度。例如，如果恨占据了一个人的内心，他就一定会认为“可怜之人必有可恨之处”。即使碰到最值得可怜的乞丐，他也不会生出同情心，而是认为这是一个“可恨”的不劳而获之人。相反地，如果一个人内心被更多的爱占据，他就会认为“可恨之人必有可怜之处”。即使是与自己为敌的人，也要用心去理解他、宽容他。真正的爱应该包括所有的人，既有你的亲人，也应该包括对你不友善的人。

在我们向往爱、宽容、喜乐、平安的同时，也应该知道感恩，同时学会忘记，忘记那些应该忘记的记忆。忘记痛苦和仇恨，和懂得爱与宽容同样重要。

《圣经》中记载了这样一个故事，雅各的小儿子约瑟由于受到父亲特殊的宠爱，受到兄长们的妒忌。17 岁那年，他被哥哥们卖到埃及为奴。没想到，神与约瑟同在，经过一番曲折的人生经历，13 年后，约瑟成为了埃及的宰相，也就是埃及最有实权的人。

约瑟有了两个儿子，长子取名玛拿西（就是“使之忘了”的意思），因为他说：“神使我忘了一切困苦和我父的全家。”第二个儿子叫以法莲（就是“使之昌盛”的意思），因为他说：“神使我在受苦的地方昌盛。”

后来约瑟的父亲雅各所在的迦南地遭遇了灾荒，哥哥们奉命来到埃及购买粮食。当哥哥们知道当年的小弟弟已经成了埃及的宰相，都以为这次肯定会空手而归。没想到，约瑟并没有记恨他们，而是让他们带走了粮食。看来约瑟并没有忘记他父亲全家，而是忘了那个家给他带来不幸和痛苦。

忘记内心的仇恨和痛苦，并没那么容易，可能要经过长久的磨炼才能做到。把磨难和考验当作历练和造就，那么你的内心也一定会忘记从前的痛苦和仇恨。

不真正相信爱的人，很难了解到爱的真谛和力量；没有经受过痛苦煎熬的人，也不会真正认识到仇恨将给自己的人生带来怎样的毁灭性力量。那么如何才能使人们的内心不再遭受痛苦和困惑的心魔折磨呢？

爱和恨在一个人的内心是统一而又对立的。爱多一点恨就会少一点，如果一个人满有爱心，那他的心中就不会有仇恨的位置。当爱强大到散发出的光芒，你内心的痛苦和仇恨就会淡化，直到忘记。一个人内心有爱，也可以使他忘记痛苦和仇恨；被爱之人，也可能驱除心魔而忘记痛苦和仇恨。

爱能让我们像尊重“爱”一样，尊重“恨”。强敌在可能给你带来灾难的时候，也会在客观上给你带来意外的益处。例如，在商战中，只有够得上足够强的对手之间的相互竞争，才可能共同做大做强。体育赛场上，如若没有足够强大的对手，也无法真正体现强者的荣耀……将生活中的对手、敌人和磨难，都看作能为你的生命加分的果实。爱上他们，才能真正战胜他们。从这个角度来说，我们真的要感谢对手，尊重敌人。强敌能让你意志坚强，如果长时间过着没有强敌的安逸生活，就会使人堕落和颓废。如果我们真的能爱自己的敌人，那么也就没有什么人不能爱，没有什么样的痛苦和仇恨不能化解。

有所为有所不为

杨安疗愈　只有明白何为“应做之事”，何为“不应做”之事，我们人生的旅程才能更有意义。想要获得成功，不仅需要事业上的倾情投入、殚精竭虑，还需要“有所不为”的克制精神，需要坚忍不拔的毅力和坚持精神。

“君子有所为，有所不为”出自《论语》，是说人要审时度势，决定取舍，选择重要的事情去做。有的事是必须做的，有的事又是绝对不做的。干该干的，不干不该干的。只有明白何为“应做之事”，何为“不应做”之事，我们人生的旅程才能更有意义。

任何一个获得事业成功大有作为的名人、巨匠，都有在其他方面有所不为、克制自己的一面。想要获得成功，不仅需要事业上的倾情投入、殚精竭虑，还需要“有所不为”的克制精神，需要坚韧不拔的毅力和坚持精神。

希腊哲学家苏格拉底为了在研究哲学上有所作为，将全部的精力都放在了钻研上，而在生活上却极其俭朴，从不愿意多花一点时间，甚至几十年来未逛过市场。一次，他的学生硬拉着他逛街，希望琳琅满目的商品能改变他的生活态度。在走过了热闹的集市之后，学生问他有什么观感，他居然深深叹了一口气说：想不到市场上有那么多我用不着的东西。

一个人做事要讲原则。有些事情要努力去做，有些事情则不能去做。

古人说：“勿以善小而不为，勿以恶小而为之。”做与不做，取决于是否符合你的处事原则。坚持原则，该做的就毫不犹豫，不该做的坚决不做。

可见，不该为的是“恶”，哪怕它再小，亦不能为；应该为的是“善”，哪怕它再小，也必须尽力而为。也就是说，要做一些有意义的、光明磊落的事，不做那些鸡鸣狗盗的事情。打实“有所不为”这个地基，方能建起“有所为”的冲天大厦。在各自的人生道路上努力拼搏、无私奉献，做出一流的业绩，磨砺出一流的人品。

还有一种情况是“知其不可为而为之”，如果上面的说法仅仅是停留在道德层面上的，那这句话就是超越道德层面的体现。比如说，“戊戌变法”失败后，谭嗣同等六君子英勇赴义，谭嗣同在被逮捕之前就得到了消息，他完全有时间逃脱，躲开这次灭顶之灾，可是他还是决定走向黄泉。他明明可以不死，却为什么非要死？因为人有活的价值，也有死的价值，他知其不可为而为之，并且愿意为之献出生命。

“有所为”和“有所不为”重要的是“为”与“不为”的标准的区分，更准确地可以称为责任的划分。

有的人常常用“身不由己”给自己找借口，迫使自己和他人相信自己做了不该做的事是有理由的。其实，看到有些不该做的事情别人都在做，自己却硬是不做，才算真正做到了“有所不为”。但要做到这一境界，首先要具备的基本条件就是正确的判断与强烈的自律心。

号称“飞鱼”的菲尔普斯，在北京奥运会上连夺八金，创下了奥运会的空前纪录，他在短短几天之内震惊了世界。然而，他为此付出的代价是，从12岁起就开始学习游泳，每周训练7天，每天至少要游12千米，从不间断；还要参加各种陆上有氧训练。菲尔普斯的妈妈心疼地说，11年来，菲尔普斯的生活里只有吃饭、睡觉、游泳三件事。也正是生活娱乐享受上的有所不为，才成就了他事业上的大有可为、一鸣惊人。

“有所不为”是主动放弃，是在理性的主导下做出的选择。

人的一生会面临太多的选择，有时候贪大求全并不好，懂得取舍，根据个人的特点和性格进行选择，才能在既定的目标上成就自己。一旦选择了，就会同时失去更多的“可选”。不过，也正是所有的“放弃”成全了一个“成功”。人的精力是有限的，而一个人的能力也是有所侧重的。所以你想干成一件事，不能面面俱到，只能干最适合你干的事，这样才能容易成功。当正在做或正要做的事并不适合你，成功的希望很小时，要果敢地放弃。

“有所不为”并不是什么都不做，而是以静制动，以无为制有为。以你的不为给后面你真正要做到的有大为创造条件，这也是一种行事策略。虽然人的潜力无限，但在一定时间内能运用的精力毕竟有限。一个人可以有很多目标甚至理想，但真正能实现的理想并不多。所以，我们要认清自己的主要目标，抓住主要矛盾，集中优势兵力，重点进攻，各个击破，这是有所为；对于次要的，能做的就做，做不到的就不要太苛求，这是有所不为。

想要让自己的一生有所作为，最重要的一点是，看清自己，了解自己想要什么，想成为一个什么样的人，有什么样的目标。

认清自己，就是儒家说的“知命”。儒家学说认为，一个人不可能无为，因为每个人都有他应该做的事。唯有“知命”，才能以超乎常人的热情去完成自己的选择，才能对自己的放弃负责，这也是有所为，有所不为。

第八章

与过去握手言和，方能书写绚丽未来

无论是对一个国家来说，还是对个人来说，过去往往是和负担、遗憾等词汇连在一起的。而过去那些美好的回忆，我们却往往忽略了。过去是我们生命的一部分，当它向我们走来，我们便不再恐惧，不再躲避，而是迎面微笑着向前，坦然握握手，那么在通往未来的道路，就会有一个层次更丰富的自己，陪着我们一起面对。

有些事你是永远无法逃避的

杨安疗愈　当人生中出现不可逆转、不可躲避的事情，也许平静地接纳是最好的选择。如果我们竭力抗拒，那么忧虑将袭扰我们的内心、摧毁我们的生活，制造更大的不幸。只有坦然接受并用积极的心态去面对，才能看到不幸中的万幸。

人生中的挫折和痛苦是不可避免的，既然无法逃避，那就只能勇敢地面对。不管遇到怎样的困难，坚持不懈的奋斗和努力总能成为吹散困难的狂风。当我们能够怀抱希望，走过荆棘、走过你本不想面对的一切时就会充满自信、勇气和力量。

心理学家、哲学家威廉·詹姆斯说：“乐于接受不可改变的事实，是战胜随之而来任何不幸的第一步。”当我们不再和无法避免的事实抗争，就能节省时间和精力去开创更加美好的人生。然而，人生充满变数，有的时候我们可以通过主观的努力加以改变；有的时候人力难以胜天，无论怎样也无法改变那些不可避免的结局。面对后一种情况我们必须承认事实，保持积极乐观的心态。

一个人在森林中漫游时，突然遇见了一只饥饿的老虎，老虎大吼一声就扑了上来。他立刻用最快的速度逃开，但是老虎紧追不舍，他一直跑一直跑，最后被老虎逼到了悬崖边。

站在悬崖边上，他想：“与其被老虎捉到，活活被咬死，还不如跳入悬崖，说不定还有一线生机。”

于是，他纵身跳入悬崖，非常幸运地卡在一棵树上。那是长在悬崖边的梅树，树上结满了梅子。正在庆幸之时，他听到悬崖深处传来巨大的吼声，往崖底望去，原来有一只凶猛的狮子正抬头看着他，狮子的声音使他心颤，但转念一想：“狮子与老虎是相同的猛兽，被什么吃掉，都是一样的。”

刚一放下心，又听见了一阵声音，仔细一看，两只老鼠正用力地咬着梅树的树干。他先是一阵惊慌，但立刻又放心了，他想：“被老鼠咬断树干跌死，总比被狮子咬死好。”

情绪平复下来后，他看到梅子长得正好，就采了一些吃起来。他觉得一辈子从没吃过那么好吃的梅子，他找到一个三角形的枝丫休息，心想：“既然迟早都要死，不如在死前好好睡上一觉！”于是靠在树上沉沉地睡去了。

睡醒之后，他发现黑白老鼠不见了，老虎和狮子也不见了。他顺着树枝，小心翼翼地攀上悬崖，终于脱离了险境。原来就在他睡着的时候，饥饿的老虎按捺不住，终于大吼一声，跳下了悬崖。

黑白老鼠听到老虎的吼声，惊慌地逃走了。跳下悬崖的老虎与崖下的狮子展开激烈的打斗，双双负伤逃走了。

生命中会有许多险象丛生的时候，困难危险像死亡一样无法避免。既然无法避免，不如放下心来安享现在拥有的一切，无意中就会享受到生命的甜果。

当人生中出现不可逆转、不可躲避的事情，也许平静地接纳是最好的选择。如果我们竭力抗拒，那么忧虑将袭扰我们的内心、摧毁我们的生活，制造更大的不幸。只有坦然接受并用积极的心态去面对，才能看到不幸中的万幸。

在一座位于阿姆斯特丹的老教堂的废墟上写着：“事已至此，别无选择。”在乔治五世白金汉宫的卧室墙上有一句耐人寻味的话：“不要为月亮的阴晴圆缺而哭泣，不要为前事而懊悔。”事情既然已经发生了，逃避和懊丧也于事无补，面对它，是你驾驭生活的最好方式。

霍金是英国剑桥大学应用数学、理论物理学系教授，是当代最重要的广义相对论和宇宙论家，被称为在世的最伟大的科学家，还被称为“宇宙之王”。

霍金从小就对自然科学抱有强烈的兴趣，17 岁就考入剑桥大学，拥有异乎常人的头脑。在大学时代（当时还没患病），他就意识到，肯定会有一套能够解释宇宙的万物理论。从此，他怀着强烈的使命感沉醉于思索和研究中。

21 岁时，他得知自己患上了不治之症——“渐冻症”。这个消息对于一个有着大好前途的青年来说，无异于晴天霹雳，他绝望了、消沉了。后来，他做了一个梦，梦见自己努力去帮助一些人。住院时，医生预测他最多只能活2年，但2年过后情况并不十分糟糕。目睹了病友的离去，他似乎明白，自己还不算倒霉，不应该就这样放弃。

患病后，霍金为了家庭、为了自己的理想，果断地“站了起来”，继续进行自己的研究。他自己在个人传记中谈道，他并不认为疾病对他有多大影响，他每天都陶醉在自己的世界之中，努力不去思考自己的疾病。同时，他也努力证明自己能够像常人那样生活，只要是自己能做的事情，绝不麻烦别人。他也不喜欢别人把自己当成残疾人，他说：一个人身体残疾了，决不能让精神也残疾。

患病后，他曾6次和死神擦肩而过。无情的疾病磨炼了他顽强的意志力。对生活，他永远充满了乐观和幽默的态度。在一次演讲结束后，一位女记者冲到演讲台前问他：“病魔已将你永远固定在轮椅上，你不认为命运让你失去了太多吗?”

霍金用他还能活动的3根手指，艰难地叩击键盘后，显示屏上出现了四段文字：

我的手指还能活动；

我的大脑还能思维；

我有终生追求的理想；

我有爱我和我爱的亲人和朋友；

片刻之后，他又艰难地打出了第五句话：对了，我还有一颗感恩的心。

现场顿时爆发出了雷鸣般的掌声……

我们内心的强大力量，有时候远远超出自己的想象。只要善加利用，它就能帮我们战胜一切忧虑和悲伤。

当我们身处某些环境中时，的确容易陷入悲伤的情绪。然而，做自己的主人，我们可以自己决定以什么样的心态来面对。耶稣曾说："天堂就在你心中，当然，地狱也在。"

勇于面对生活的种种磨难和悲剧，我们就能战胜它，并最终走出悲伤的阴影。许多人灾难当前恐怕都会精神崩溃，如何接受和适应是他们都要面临的。

不管现在你对未来多困惑，多迷茫，都不要忘了树立一个目标。一个人过去或现在的情况并不重要，将来想要获得什么成就才最重要。除非你对未来有期许，否则即使过着安逸舒适的生活，也不会觉得快乐。而有了目标，任何艰难险阻都将是你前进路上的助推器。

世间之事没有不可能，只要选择了目标，每天脚踏实地地去完成，再难以面对的困境也会为你让路。当你无法逃避时，坚持是最好的选择。当你遇到再大困难的时候，不要惊慌，也不要指望别人可以代替你走你的人生，要敢于一个人面对挑战，从绝望中寻找希望，人生终将辉煌。

认清背负的记忆

杨安疗愈　痛苦是每一个活着的人都会经历的，可以说，人活着，就是痛苦的。如果长时间让自己沉浸其中，无法自拔，或者每当有什么现实触动当初的神经，仍然让我们无法平静面对，那么我们就是在痛苦发生后，又自己给自己套上了枷锁。

记忆中，有些事是美好的，有些事却是不堪回首的。每当回忆起这样的事情，我们仿佛背上了沉重的包袱，呼吸艰难，寸步难行。随着时间的推移，那些沉重的记忆不但不会减弱，反而越来越让我们觉得难以承受。

人为什么对痛苦的记忆总是那么深刻？又总是不能释怀？是不是那些痛苦的烙印已经深深地根植于我们心里了？有句话说：一朝被蛇咬，十年怕井绳。很多时候，让我们背上沉重包袱的不是生活中的遭遇，而是记忆深处的痛苦。

有过痛苦经历的人在面临新的生活时，有的人为了不再受伤，往往会下意识地选择自我保护，改变自己的思维和行为。痛苦之源就在于自我冲突。当一个人受到外界影响、迫不得已移动自己的个性点时，就会产生痛苦。新的个性和原来的言行方式差距越大，就会感到越痛苦。

为什么曾经有过的痛苦在自己的记忆里总是难以忘记？

痛苦是每一个活着的人都会经历的，可以说，人活着，就是痛苦的。不论是被恶意的欺骗、被过分的羞辱、被朋友的背叛、被爱人的抛弃，还是遭遇破产、迫害、虐待……都会在记忆中留下深深的印记，都会令人难以忘却、难以摆脱。

这些痛苦的记忆发生后，人的心理无疑会受到强烈的创伤，产生巨大的痛苦感，还会让我们陷入对事件的起因、经过、结果的更为深刻的思考当中。如若一时不能很快地得到有效的答案，将会使当事人进一步陷得更深，这就是我们常说的“想不开”。经历痛苦事件的很多人，会不知疲倦地找寻事件各种可能的过程，苦苦地寻求事件真实的原委，艰难地评估事件对自己的伤害，悲观地预计事件可能产生的结果，本能地探索自我保护的最佳出路……

过去的这些经历如果处理不好，就会给日后的生活留下无穷的隐患，让当事人饱受情绪的折磨，无法挣脱自己为自己戴上的枷锁。没错，当遭遇地震、亲人离世等外界的痛苦时，的确不是我们的错，也不是我们所能掌控的。然而，如果长时间让自己沉浸其中，无法自拔，或者每当有什么现实触动当初的神经，仍然让我们无法平静面对，那么我们就是在痛苦发生后，又自己给自己套上了枷锁。

在一个重要的日子里，某先生发现自己的妻子彻夜未归，他的内心产生了强烈的刺痛。第二天，妻子给了他三种不同的“理由”。在“理由”一一被戳穿、谎言被揭破之后，他陷入了无比的痛苦之中。从此，他开始长时期地苦苦找寻、艰难思索，然而，始终得不到有效的答案。越是如此，他越是难以自拔，痛苦记忆也更加深刻了。尽管他也试图摆脱这样的痛苦，他也很想忘记那个不愿被想起的夜晚，但令他无奈的是他已不可能从自己的记忆里抹去那段痛苦的痕迹了。在记忆的最深处，他给自己留下了永远的心痛。

由此可见，发生了不幸、遭遇了痛苦的人，不仅很快会陷入对事件深刻的思考中，还会不断反复地在记忆中对痛苦进行复述和回收，甚至还会自行“添加”新的痛苦，让自己的疑心吞噬对周围的信任。如果在今后的日子里，再次遇到与原事件类似的情况时，更会“触景生情”地引发痛苦的记忆，使得痛苦的感觉更加深刻，如此，长时间的痛苦记忆就很可能形成终生难忘的痕迹。

记忆本来是一种对我们很有帮助的能力。有了复杂而庞大的记忆系统，我们就可以在感知事物之后，让事物的印象或多或少地保留在大脑里。日后，在一些条件的影响下，这些印象就会以一定的方式重新出现。这种功能对我们很有帮助，能让我们获得宝贵的经验，但也会让我们不断重复糟糕的体验。

记忆并不“忠实”，它会被当时的情绪所左右。也就是说，如果当时的经历是开心的，再次回忆时，连当天下的小雨也会让我们觉得温柔缠绵；如果当时的经历是不愉快的，再次回忆时，连路边的小狗看起来都面目可憎。所以，我们无须被记忆“绑架”，一定要认清记忆背后的真相。

上文中提到的那位先生，也许在无尽的痛苦背后，是他对自己的不自信，是他对生活的绝望。当然，每个人的心理千变万化，最了解自己的只可能是自己。认清自己，才能走出痛苦。如果不能走出自己设的谜题，我们将背负着痛苦前行，那些无形的影子将一直在我们身边若隐若现。痛苦的记忆往往是令人印象深刻的。

恋人黛丝出车祸身亡已经一年多了，黑人小伙儿庄德森依然无法释怀。“黛丝就是我的盐。”北京语言大学的这位留学生比喻道。

至今，庄德森脑海里还会时不时浮现出这样一幕：掀开医院白色的床单，下面是黛丝血肉模糊的身体，插满了蛛丝般的导管。这些痛苦回忆让他饱受折磨。

黛丝死后，他一度迷恋大麻、海洛因，只有在那个时候，他才能“什么都不记得了”。

“我知道，黛丝已经死了。”一年来，庄德森不断地提醒自己。尽管如此，黛丝甜美的笑容和血肉模糊的肢体，在他脑海里还是不断切换。

来到中国后，庄德森的记忆发生了微妙的变化。他迷恋上了昆曲和二胡。阳光明媚的冬日下午，他习惯打开音响，一边在黑T恤上喷涂黛丝的布袋熊，一边听着“姹紫嫣红开遍”的《牡丹亭》。课余时间，他在学校附近的服装市场里租了一个摊位，专门出售自己设计的T恤衫，上面印着黛丝最爱的黄色布袋熊和英文歌词。

“不管天然疗法还是药物疗法，我还是想保存我的记忆，尽管它是痛苦的。”他微笑着说，“她的血已经留在了我的记忆里。”

一直以来，科学家致力于研究如何消除恐惧、痛苦、悲伤等记忆内容。

纽约大学的心理学系神经学中心实验室主任伊丽莎白·菲尔普斯和同

事们在《自然》杂志发表了题为《用可控制手段清除恐惧记忆》的论文，声称发现了一种无须服用药物就能“删除”伤心记忆的自然方法。还有的科学家发明了用药物删除痛苦记忆方法。但药物疗法存在着很大的副作用，而且人脑远远复杂于用于做实验的小鼠的大脑，这种方法可能会导致删除所有的记忆。也有科学家不赞同消除痛苦记忆，认为，从某种意义上说，“痛苦经历是人生的宝贵财富”。

人的成长是由小到大积累的过程，记忆在这个过程里不断地被拿起来，放回去。人类具有“自我美化”的倾向，经过漫长的时间，痛苦记忆可以转化为“一笑泯恩仇”。因为大多数情况下，美好的联想和对未来的憧憬能让痛苦的记忆淡化，一般不会让人陷入穷思竭虑般的思维过程中。所以，与其囚禁在过去的记忆中，不如做一些能改变未来的事。

用未来的美好冲淡旧日的忧伤

杨安疗愈　孟子说：“故天将降大任于斯人也，必先苦其心志，劳其筋骨，饿其体肤，空乏其身，行拂乱其所为，所以动心忍性，增益其所不能。”环境在给我们失败、伤痛等经历的同时，也赋予了我们巨大的能量。

再多的回忆都是过去，即使有忧伤，明天依旧美好。过去的就随它去吧，经过时间的流逝，很多事情都会被未来重新覆盖颜色。路在脚下，更在心中，心随路转，畅想美好的明天，心路常宽。只要努力，理想多半会实现；即使没有实现，至少努力尝试过也没有遗憾了。

往日的忧伤，像海浪一样冲击着今天的海岸。然而当我们鼓起勇气走向远方，就会发现：明天，依旧是那么的美好。

一天，一个身材高挑、容貌姣好但形容枯槁的女人来到心理医生的办公室，寻求帮助。通过了解，心理医生知道她患有严重的抑郁症，已经半年没有工作，曾经自杀过两次。随着沟通治疗的深入，一个悲惨的故事逐渐浮出水面：女人26岁，有一个3岁的孩子。和大学同学结婚后，由于和老公的家人关系恶劣，最终导致了离婚。离婚后，这个女人依旧爱着自己的前夫，只要他叫她，她就会过去。然而最终的结果是多次的堕胎让她以后不能再生育，而前夫还会去找别的女人。在极度的情绪低落中，她割腕自杀了。

被家人及时送往医院得到救治后，她离开伤心地，去了一个大城市。在这座城市谋得了一份工作。其后，她所工作的公司老总爱上了她。然而因为无法接受她不能再生育，便将她派去了外地的分公司。在这最需要关爱的时候，她又如棋子一般受人摆布，如落叶一般再次飘零。她又一次割腕自杀了。再次幸运的得救之后，她如僵尸一般麻木的活着，家人不得不24小时轮流看管照顾她。

了解详情后，在接下来的催眠互动中，心理医生和这个女人进一步沟通，他发现，这个女人的内心对自己、对女儿、对家人、对前夫、对老总等人，还是心怀爱意，没有愤恨，对未来的生命还有强烈的挣扎和渴望，于是通过年龄回溯，让她看清自己每一段人生的经历与意义，对痛苦往事进行发泄与认知提升，并用灵魂圣水进行身、心、灵的彻底洗涤，最后用金光小球的催眠对其进行爱、能量、健康、信心与未来美好人生展望的暗示指令的注入，让她的身、心、灵从内而外焕然一新。

在治疗的第四天，笑容浮现在她漂亮的脸上，她开始主动和催眠师聊天，互动。治疗结束时，她愉快地和催眠师讲了自己未来的理想，那就是她要开一家美容馆，将美送给每一个爱美、爱生活的人。

在人生的航程中，我们就像一艘航行了很远的轮船，也许船身上沾满了苔藓；也许甲板上已经堆满了太多的货物；也许螺旋桨已经无法开动。要更顺利而欢畅地航行下去，就需要对自己的过去、现在、未来有清晰的界定和认知。深层次地自我认识不是一件容易的事，然而我们的确能够通过自己的调适和专业人员的帮助，从过去的忧伤中获得通往未来的力量。

心理医生接待过这样一个男青年：他相貌英俊、名牌大学毕业、有一份让人羡慕的工作，但是因为和母亲的关系破裂，觉得生活了无生趣，甚至有自杀的倾向。

原来他出生在一个单亲家庭，从小就很懂事，也知道体恤母亲，每天早上起早做饭；在学校里刻苦读书。这似乎和他现在的状态很不相符。在催眠的状态下，他在心理医生面前放声痛哭，说出了很多年前的一件事。这件事一直埋在他的心里，日积月累，持续不断地发酵，以至于产生的副作用已经远远超出了事情本身：初中时，他暗恋学校的一位女教师，并且在日记中写了很多充满爱恋的话。不料，藏着的日记本被他母亲在打扫房间时发现了。母亲大发雷霆，当场烧了那些日记。他看着写满爱恋的纸在面前化为灰烬，开始哭泣。从那以后，母子俩再也没有提过这件事，而他也还是个听话的好学生。然而似乎有什么东西已经变了。

听完了这件事，心理医生引导他真诚地向母亲说出自己的感受，母子间互相表示了歉意。接着，心理医生又通过专业的引导，让这件事情对他的影响缩小到正常的状态，即成长过程中的一次挫折罢了。当催眠治疗结束的时候，他脸上的表情平静而超然。

人是一种非常复杂的生物，我们常常看不清世界，更看不清自己。只有通过对自身的深层次认知，才能更清晰地分析周围的环境，达到“物我和谐”。观察自己的内心深处，有助于“内省”，放松身心。催眠像神奇的魔法棒，能打开心灵深处的盒子，将其中负面的能量，如悲伤、焦虑、仇恨、痛苦等释放出来，相应地，沉在下面的正能量，如快乐、平和、祝福等就会显现出来。“感知是疗愈的开始”，发现自己、面对自己、接纳自己，正是激发正能量的前提。

一些痛苦的、失败的、挫折的、委屈的生命经历会在记忆中一直存在，催眠可以帮助我们寻求内在的压抑，找到转移压力的方式。从辩证法的角度讲，任何相反的能量都是共生的，也就是说，如果有“强”，则“弱”必定同时存在。在我们心中被隐藏的最深的、最脆弱的地方，也就是强大的力量之所在。正如孟子所说：“故天将降大任于斯人也，必先苦其心志，劳其筋骨，饿其体肤，空乏其身，行拂乱其所为，所以动心忍性，增益其所不能。”环境在给我们失败、伤痛等经历的同时，也赋予了我们巨大的能量。不幸的是，大多数人被痛苦击倒后再也没有勇气起身，或者深陷在负面情绪的泥潭中无法自拔，自然也就无法找到力量之所在。

在日常生活中，对未来美好的追求，能让过往生命中的伤痛和沉重的负担得以消化，获得勇气，使生命焕发出勃勃生机，最终恢复健康快乐、幸福美满，像新生的婴儿一般面对这个世界。

感谢曾经的一切

我们经历的一切，都可以增加我们的能力。从这个角度来说，我们应当感激所有的遭遇。苦难的“终结者”永远是那些善于让

感觉跟着正面的暗示走的人。

生活中有很多事情都是不能改变的，如我们的出生地、肤色、民族、家境等都是既定的，但是，如果能改变自己的定位，人生之路也会相应地改变。给自己正面的暗示首先要做的就是“自我接纳”。

如果一个人总觉得自己不如别人，那么在待人接物时，难免就会唯唯诺诺，显得笨拙而胆怯。这样不仅得不到身边人的尊重，还会影响自己的行为能力。低估自己，是成功的大忌。由此看来，自我暗示既能成为摧毁自己的武器，也能成为开启新世界的利器。暗示自己保持乐观向上的心态，才能对自己保持良好的感觉。

美国纽约第53任州长罗杰·罗尔斯，是纽约历史上第一位黑人州长。他出生在纽约声名狼藉的大沙头贫民窟：这里环境肮脏，充满暴力，是偷渡者和流浪汉的聚集地。在这儿出生的孩子，从小就耳濡目染地学会了逃学、打架、偷窃甚至吸毒等。在这种环境中长大的人，有的走进了监狱，有的从事着并不体面的职业。然而，同样是在这种环境中长大的罗尔斯不仅进了大学，而且成了州长。

就任州长的记者招待会上，到会的记者提了一个共同的问题：是什么把你推向了州长宝座?

面对300名记者，罗尔斯对自己的奋斗史只字未提，他仅说了一个让大家感到陌生的名字——皮尔·保罗。

保罗是他小学时的校长。当时正是美国嬉皮士流行的时代，保罗走进大沙头诺必塔小学的时候，发现这儿的穷孩子比“迷惘的一代”还要无所事事，他们不仅不听课，而且旷课、斗殴、砸烂教室的黑板。老师们想了很多方法来引导他们，可是没有一个方法是有效的。

后来保罗发现，这些孩子都很迷信。于是他上课的时候多了一项内容——给学生看手相。凡经他看过手相的学生，没有一个不成为州长、议员或富翁的。

这位杰出的校长是怎样给学生看相的，想必大家已经心知肚明了。用一句话说就是“八字先生进门，一屋子的贵人”。由此可见，除了现实的环境，适当的鼓励和暗示，一样会影响一个人的一生。好的鼓励与暗示，可以让我们更加自信和有勇气，有良好的自我感觉，更加积极地面对生活、面对挫折。相反，不好的心理暗示，则可能让我们永远一蹶不振、一无所成。

当我们自己遇到困难时，不妨自我催眠，努力去发现自己的优点，让自己振作起来，那么困难就自己消失了。

在困难面前，如果我们暗示自己“这下可完了”，便会感觉前途无望；如果我们感谢自己的处境，暗示自己“总会有办法的”，就能激发出自身潜在的智慧。成功的人在遇到问题的时候，非常注重给自己正面的暗示，动脑筋、想办法，他们相信“天无绝人之路”。

一年夏天，因为大豆产量提高，进口的大豆又便宜，因此大豆的价格普遍偏低，全国一片“豆贱伤农”的叹息声。而一位黑龙江的老板却依然气定神闲，丝毫看不出发愁的样子。于是人们向他请教处理滞销大豆的秘诀。

老板哈哈笑着说：“如果豆子滞销，有以下几种方法：第一，将豆子沤成豆瓣酱；如果豆瓣酱卖不动，腌了变成豆豉；如果豆豉还卖不动，加水发酵，改卖酱油。第二，将豆子做成豆腐；如果不小心做硬了，改卖豆腐干；如果豆腐不小心做稀了，改卖豆腐脑；如果实在太稀了，还可以卖豆浆；如果豆腐卖不动，放几天，变成臭豆腐；如果还卖不动，长毛了，还能卖豆腐乳。”

全国豆子滞销，卖豆子的商人面对的是同样的情况，这位老板却能够给自己“豆子总能卖出去”的暗示。这种感觉坚定了他的信心，让他积极地想办法。苦难的“终结者”永远是那些善于让感觉跟着正面的暗示走的人。

在非洲国家马拉维北部的一个小村落，有一个17岁的青年，名叫黎格逊·凯伊拉。有一天，他看了《林肯传》之后深受感动，决心要做一个凭借自己的力量攀登人生高峰的人。凯伊拉与妈妈商量：“我想去美国上大学，您能答应我吗?”他妈妈并不知道美国在哪里，不假思索地说：“你可以去，什么时候动身呢?”凯伊拉说：“我明天就出发。”于是，第二天凯伊拉带着妈妈准备的玉米饼出发了。

他本来打算先走到3000英里之外的开罗，再搭船前往美国。可才走了几天，随身携带的食物就全吃光了。他想出了一个好办法：每到一个地方，通过自己的劳动换取食物和钱，然后继续向前走。一年后，凯伊拉已步行了1000多英里，到达了乌干达。在那里，有个善良的家庭收留了他。他在当地找到了一个制砖的工作，干了6个月，把所赚的钱大部分寄给了母亲。在乌干达的首都，凯伊拉无意中看到一本《到美国读大学的留学指南》。他随意翻了翻，得知美国大学会给优秀青年提供奖学金。于是，他给指南上的一些大学写了请求奖学金的申请。终于有大学同意提供给他奖学金后，办护照时又遇到了麻烦。他又写信向童年时曾教导过自己的传教士求援。在传教士的帮助下，他终于拿到了护照。

之后，他一边走一边打工，买了人生中第一双鞋。凯伊拉穿过乌干达，来到了苏丹，来到了喀土穆。他找到当地的美国领事馆，详细地讲述了自己的坎坷经历与无比渴望。热心的美国领事对凯伊拉十分欣赏，并亲笔写信，将他的困难告诉了史卡吉特谷学院。几个月之后，在史卡吉特谷学院的大力帮助下，凯伊拉穿着第一套学生装和第一双鞋子，昂首挺胸地走进了学院的大门。

在开学典礼上，凯伊拉以新生代表的身份发言。他发自肺腑地感谢了一切帮助过自己的人，并说出了心中回荡已久的话：“当上帝把一个看似不可能实现的梦想放在我们心中的时候，就已经是对我们的莫大的关爱了。请牢牢记住，在任何艰难险阻面前，都没有气馁的理由。如果气馁了，就要鞭策自己，马上振作起来。只要我们告诉自己我正在完成的路上，就会拥有激情、勇气和力量。在这个世界上，没有登不到顶的山，没有渡不过去的水。永远按照积极思考的原则努力，这就是我心中的巨人，这就是我从非洲赤脚走到美国的真相。”

没有可以删减的人生

杨安疗愈 人生没有删除键，每一个阶段都能让我们的生命更加丰富。有些经历，只是从一个侧面告诉我们，哪个方向是正确的，什么位置上写着“此路不通”。

人生有许多珍贵的东西，是值得我们一生回忆的；但也有许多记忆，虽然并不令人愉快，却也是我们生命中不可缺少的。有人说，人生没有回头键；也有人说，人生没有删除键。每一个阶段都能让我们的生命更加丰富。有些经历，只是从一个侧面告诉我们，哪个方向是正确的，什么位置上写着“此路不通”。

在人生的旅途中，我们有很多的时间都是在回忆中度过的，尽管回忆让我们痛苦过、悲伤过、快乐过、幸福过，但更多的是让我们明白了很多的道理。人生没有后悔药，做每一件事之前都要考虑周详；人生没有删除键，珍惜每一种经历带给我们的感悟，哪怕曾经是痛苦的、不愉快的。如果善加处理，痛苦的经历也会在日后的某一天变成引以为豪的记忆。

曾经想忘记很多的不愉快，忘记很多的痛苦，忘记很多不值得回忆的事，忘记很多不值得回忆的人。但心绪总在不定的时间里想起不定的事，也许是在一刹那，也许只在一秒钟，也许只在一转身，也许只在一个眼神里，也许只在一个笑容里，所有的记忆就会像风一样吹过心房，不是你想不想的问题，也不是你爱不爱的问题，它只是一种意念，刹那间的感动，刹那间的凝聚。

有一个很失意的人，爬上了一棵樱桃树，准备从树上跳下来，结束自己的生命。就在他决定往下跳的时候，学校放学了。

成群的小朋友跑了过来，看到他站在树上。一个小朋友问："你在树上做什么？"总不能告诉小孩要自杀吧！于是，他说："我在看风景。""那你有没有看到身旁有许多樱桃？"另一个小朋友问道。他低头一看。发现原来自己一心一意想要自杀，根本没有注意到树上真的结满了大大小小的红色樱桃。"你可不可以帮我们采樱桃啊？"小朋友们说："你只要用力摇晃树干，樱桃就会掉下来。拜托啦！我们爬不了那么高。"

失意的人有点儿意兴阑珊，但是又拗不过小朋友们，只好答应帮忙。他开始在树上又跳又摇。很快，樱桃纷纷从树上掉下来。地面上也聚集了越来越多的小朋友，大家都兴奋而又快乐地拣拾着樱桃。一阵嬉闹之后，樱桃差不多掉光了，小朋友们也渐渐散去了。那个失意的人坐在树上，看着小朋友们欢乐的背影，不知道为什么，自杀的心情和念头都没有了。他在周围采了一些还没掉下去的樱桃，无可奈何地跳下了樱桃树，拿着樱桃慢慢走回了家。

在他回到家时，看到的仍然是那破旧的房子，与昨天一样的老婆和孩子。但是孩子们高兴地看到爸爸带着樱桃回来了。当一家人聚在一起吃着晚餐，他看着孩子们快乐地吃着樱桃时，忽然有了一种新的体会和感动，他心里想着：或许这样的生活还可以让人活下去吧。最后失意的人放弃了自杀的念头。

生命是无声的，但我们的心却是流动的。一种新的所得往往来自不经意之中，失望的尽头总会有新的希望产生。

过去的经历哪怕不堪回首，其中也蕴涵了新的希望。事情过去了，存在于我们心里的，是一种教训，是一种经验，亦是一种财富。

在感情的世界里，你的快乐、牵挂、思念、遗憾、痛苦，都是生命的一部分。只有这些感情都齐备，你才有可能是幸福的。对一个有生命力的人来说，风霜雨雪都只是他的一种经历，缺一不可；而对一个懦弱的人来说，他永远排斥痛苦、试图删减痛苦，却又屡屡不得而变得更加痛苦。对一个有生命力的人来说，他的生活富有激情和感动；而对一个懦弱的人来说，他的生活永远没有太多的色彩。总而言之，最可悲的是看不见隐藏在痛苦中的闪光点。其实，如果有一天我们真的能随意删改自己的经历，也许也就同时删掉了藏在命运中的果实。

在生活中，想删除的东西，总也删除不掉；在生命里，想删除的记忆，却总在回忆中徘徊。删不掉的就随风而去吧，既然删不掉，就让它留在心里最深处吧。删不掉的经历，也许是另一种财富或幸福。将删不掉的记忆，视作生命中一道彩虹，不管悲与喜，它都是你心中一种无言的情愫。

人生的路上也没有删除键，关键是，我们也不需要删除键。

每个人在成长的过程中，必定会遭遇到种种风霜雨雪的淬炼。如果我们只是一味地喜欢阳光灿烂，却害怕雨雪冷凉，只做温室的花朵，不愿做苍松翠柏，就注定无法拥有精彩的人生。若要使人生精彩丰富，就得与种种境界奋斗，在逆境当中学得一身本领。

人生就是一个修行的过程，成功的人生离不开修行。正如圣人孟子所说："天将降大任于斯人也，必先苦其心志，劳其筋骨，饿其体肤……"任何经历都可能是通向成功的阶梯。

回避和掩饰过去的痛苦并不能忘却，而直视痛苦、转化痛苦，才能以正确的态度面对它。理智地对待所有的经历，肯定应该肯定的，才能否定应该否定的。要坦然直视它，让它成为你人生的一种财富、一段经历和回忆、一种领悟，而不是简单的遗忘和抛弃。

在经历的同时我们学会了该如何放弃和珍惜，懂得了选择和承担，明白了决不能逃避、沉溺甚至强作欢颜，那样只会越陷越深。当我们有能力很好地解决痛苦的事，我们的生活才能是快乐的，才能保持一颗平常心去面对生活。越是强迫自己忘记，越容易陷入痛苦、懊悔的情感中无法自拔。

当我们学会了放弃，就懂得了珍惜；当我们学会了取舍，就懂得了选择；当我们选择了面对，就能坦然直视过去，这些绝不是简单的遗忘和淡忘。我们的生活是一种过程，必定会遭遇到种种风霜雨雪的淬炼。如果我们只是一味地喜欢阳光灿烂，却害怕雨雪冷凉，只做温室的花朵，不愿做苍松翠柏，就注定无法拥有精彩的人生。若要使人生精彩丰富，就得与种种境界奋斗，在逆境当中学得一身本领。

一定要相信明天会更好

杨安疗愈 俗话说：狭路相逢勇者胜。所以，当我们遇到命运不仁慈的时候，一定要坚持下去，相信明天会更好。一个人能否成功，往往取决于自身的因素，自信与乐观是任何环境下都不应忘记的素养。

昨天、今天，我们总要面对不可避免的残缺。有的人唉声叹气，有的人沉沦，有的人奋起努力，靠自己的努力去证明永不服输，在点点滴滴的进步中诠释生命顽强不屈的无悔历程。无论今天我们要面对的是怎样的昨天，要永远相信明天依然是由我们自己创造。

不知是无意还是天意，生活中我们总不能获得圆满。生活在如今这个竞争异常激烈的社会中，有些人会因找不到工作而郁郁寡欢；有些人会埋怨自己生不逢时；有些人会怨自己没有一副好长相：身材矮小，五官又不是很漂亮；有些责怪自己的父母没本事，不会拉关系；甚至有些会觉得自己输给了没有好的社会关系。

从个人的发展而言，外在的条件的确重要，然而，不争的事实是，并不是每个人都拥有尽如人意的各方面条件。每个人的生命中都会带有一些缺憾，每个人也都会拥有一些他人没有的特质。如何拥抱美好的明天，和个人的心态与努力息息相关。

不要为我们不能改变而难过生气，而要为我们可以改变的事发挥出百分之百的能力。有些条件是不可改变的，而有些条件却可以通过自己的不懈努力去创造。在创造过程中的艰辛和磨难，是对人的心理承受能力的一种考验。唯有持之以恒且懂得坚忍，才能朝着前进的方向一路奔跑，在辛勤的汗水和泪水中见证青春的精彩。

很多事我们无能为力，但是可以把握自己的心态来改变现实：没有办法改变时间的长度，却可以拓展时间的宽度；没有办法左右天气，却可以改变自己的心情；没有办法选择自己的容貌，却可以用真诚的微笑来弥补残缺，可以尽自己的所能去改变现状。

无论是愁眉苦脸还是积极向上，日子都会一样的过，人生就像一本书，被岁月轻轻地一翻，便翻过了好多年。

电影《当幸福来敲门》，曾经赚取了众多观看者的眼泪，也让我们重新开始信仰明天的希望。在最艰难的那几年，克里斯加德纳从来没有在任何人面前露出可怜兮兮的样子，尤其是在他的孩子面前，从来没有抱怨过处境的困难，他的自尊与自强，得到了上帝的欣赏，因为他没有像乞丐一样丢掉人类最高贵的品质——自食其力。在实习的日子里，克里斯加德纳已经沦落到无家可归的地步，最惨的一次是在地铁站的公共厕所过夜，还有好几次，是在慈善机构过夜，然而，就在这样极度艰难的日子里，他每天坚持实习，抓紧时间努力工作，最终工夫不负有心人，他以优异的成绩通过了考试，并且最终面试通过，成为证券交易所的工作人员。在这一段几乎焦头烂额的日子里，克里斯加德纳绝对是一个非常好的爸爸，他没有把贫穷的阴影留在孩子的幼小心灵，他用力所能及的爱，呵护着孩子的童年。

人，总是在折磨中看清楚这个世界的真实面貌，虽然苦难成就了很多的成功人士，但是正如某位作家所言：“谁都不愿意有苦难，之所以走上不一样的路，在于自己的选择。”俗话说：狭路相逢勇者胜。所以，当我们遇到命运不仁慈的时候，一定要坚持下去，相信，人总会有转运的时候。心中有梦，明天会更好。

一个人能否成功，往往取决于自身的因素，自信与乐观是任何环境下都不应忘记的素养。如果失去了这二者，电影中的主人公就会在破产的打击下自暴自弃。不用说，他的结局会是街头一个潦倒的流浪汉。

影片中的主人公不仅信念坚定，而且从未放弃拼搏与坚持。在实习的日子里，是他的坚持不懈，才让自己坚持到了实习结束。坚持不但让他的优势得以发挥，还让他成长为更优秀的人才。

在影片的结局，克里斯加德纳的成功在人们的意料之中，他从一无所有，成为金融界的后起之秀，仿佛经历了一场凤凰涅槃的蜕变。人生，从有钱的那一刻起，才能慢下脚步有心情去欣赏沿途的风景。

所以，挫折不是我们心灰意懒的借口。以一颗感恩的心感谢生命中的所有羁绊，正视前进路途中的种种阻挠，才促使自己凭着顽强不息的意志与不幸的命运抗衡。

过去的就让它过去吧，无论是伤悲的，还是不堪回首的，抑或是难以忘却的，都早已刻在了记忆中，永远都不可能再回到现实。昨天的一切，早已成为历史，清晰的记忆中，残留着太多的无奈和无人知晓的酸楚。要从中吸取教训，不能重蹈覆辙，不要让所有伤感的过往定格成永远的风景，使自己深陷其中无法自拔。而是要学会遗忘，遗忘岁月中曾有的伤悲；懂得接受，接受人生中也有残酷的一面。珍惜该珍惜的一切机遇，好好把握。

泪水和埋怨，只是内心哀怨的一种释放和宣泄。当泪水流干之后，当埋怨的话都说出之后，是否就能为心理的不平衡疗伤呢？与其在毫无意义中浪费时间和精力，何不收起所有的眼泪和悲伤付诸实实在在的行动，在默默地努力中，证明自己的人生价值，在永不认输中尽显人生的风采。

在残酷的现实中，凭着自己的自强不息，不断学习，认认真真地做好每一件小事，努力在点点滴滴的进步中追求完美，生活就会在我们的创造

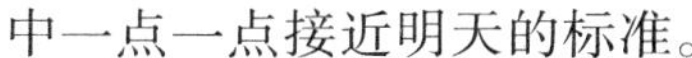

中一点一点接近明天的标准。

只有那些相信明天一定会更好的人，才能活在希望和憧憬之中。

贫穷的时候，幸福是辛劳的付出获得应得的回报；遭遇失败，幸福是身边能够给你安慰的人没有离你而去。无论你有怎样的遭遇，幸福始终离你不遥远，请仔细听听吧，当幸福在敲门，请把它紧紧拥抱在心里。勇敢地直面人生，无论好坏，只要还有梦，只要还有明天，人生，终会得到幸运之神亲吻的那一刻。

生命的价值不在于今日的得失，而在于每日的积累；人生的成败不取决于我们遇到或错失过多少机遇，而在于我们真正拥有了多少实力，进而在未来能把握住多少次迎面而来的机遇。今天的一切都是为了更好的未来而铺垫的，因为我坚信不是最好的不会发生。生命中的一切都是为了打造和成全我们而来的，所以，选择挑战远胜于选择懈怠。我常常告诉自己：顺遂的事业、平步的高位、甜蜜的亲情、充裕的金钱，只是造物主一时的赐予，而奋斗和逆水行舟才是人生最长久的面对。

也许，现实很残酷，也很令人失望，但是只要拥有一颗不轻易向命运低头的内心，放弃该放弃的一切，承受该承受的所有，懂得坚忍后的执着，相信明天会更好。在这样的路上，爱不断绝，奋斗的力量不绝。

第九章

学会放松、冥想，你就是心灵疗愈师

冥想可以让我们的心沉静，让我们和内在的智慧沟通。放松身心，进入冥想，聆听外界的纷扰、聆听内心的声音，就会更加深入地了解内心的需求。曾经，有太多的泥沙淤积，阻碍了我们今日的发展；前方，也有太多的迷雾，恍惚了我们的方向。心灵需要得到我们的关注，让我们学会从心而发，爱自己。

激发想象力，温暖曾经失落的心

杨安疗愈 我们可以在想象中将从前引起内心冲突的事件再现，对这件事重新认知，接纳它，因为这是我们生命的一部分。当我们能够接纳自身的这部分，便能消除痛苦，让自己重新获得自信、力量感。

生活中有的人比较乐观，能将险象环生的时刻想象成有趣的挑战场景，能将千疮百孔的生活想象成美好的旅程。而有些人正好相反，悲观、消极，认为生活了无生趣、毫无意义，自己的一生就是充满悲伤的一生，自己所拥有的终将失去……

随着年龄的成长，有的人会出现各种情绪问题。

追根溯源，在成长的过程中，人们如婴儿般张牙舞爪地面对外在的环境时，会和周围的环境、人产生冲突。如果这个冲突相当大，当时没有被很好地消化和处理，这种挫败感就会留在潜意识中。日后再遇到同样的情景时，情绪就会和挫败感关联起来。面对这种情况，我们可以在想象中将其再现，对这件事重新认知、接纳它，因为这是我们生命的一部分。当我们能够接纳自身的这部分便能消除痛苦，让自己重新获得自信、力量感。

生活中还有另一种人，他们的沮丧来自于对自我的不满足。

当人的内心产生某种欲望的时候，人自然会执着于推动这个欲望的达成，而这种推动通常是非理性的。人们不思考达成欲望的可行性，不思考是否超于自身的能力和目前所处环境对自己的支持力度，自然就会带来失落感、挫败感。此刻人不是活在现在，而是活在未来不能达成的欲望的结果中。佛学中讲，要活得喜乐、满足，就要活在当下，不要被欲望控制，平心静气地关注此刻，享受当下。

遇到这种情绪，可以想象自己正处于一个不受外界干扰的状态，然后问问自己的内心：这是我需要的吗？我能通过制订详细的计划达到吗？内省能够帮助我们看到心灵深处的渴求，摒弃华而不实的贪欲，从痛苦中解脱出来。

生活中的第三种人对自己缺乏自信，总是在自我想象中把自己定在落魄的定位上。

在日常工作中，你有没有这样想象过：这个事我不能干，那个事以我现在的能力干不了吧，这个事我无能为力了……我们总能找出一些充分的理由，对所有未发生的事加以否定。如果真的去实施了会怎样呢？最常见的两种结果是：失败或成功。即使失败了，我们也从中吸取教训，用来校正今后的路；成功了，则会收获辛劳之后的果实，并有了继续前行的动力。如此看来，无论怎样都没有坏处，只是在万事还没有开始时，我们无法突破内心的束缚。消极的暗示，使我们产生了自卑心理，限制了自身能力的发挥。此时就要发挥潜意识的作用了，潜意识是“一根筋”，会直接带我们去往理想之处。

不知道你是否见过“大象与木桩”这种现象呢？大象小的时候被拴在一个木桩上，它挣扎了几次发现无法挣脱就放弃了。等它长大了，已经完全有力量拔掉小小的木桩时，却再也不会有挣扎的行为了。于是，一根小小的木桩，就这样困住了强壮的大象。

消极的暗示对个人能力的发挥有很大影响，对心智尚未健全的儿童的影响就更大。比如，当孩子算错了数时，家长说：“笨蛋！这么简单的数都算错了。”当孩子考试没考好时，家长说：“这有什么难的，你怎么就是学不会?”时间长了，孩子就会对自己产生怀疑，意志消沉，产生“自己是学不好的”这种潜意识。一旦这种观念进入潜意识，孩子就会真的变成一个“笨蛋”。随后，他的一切言行可能都会沿着一个“差生”的轨道走下去：上课不听讲、逃学、打架……既然在好的地方不能做好，那么就在坏的地方“做好”吧。如此看来，结果是多么可怕；而产生这样严重的后果，又是多么不可思议。不幸的是答案是肯定的，一生的基础，的确会在暗示中产生转折。这个结论，在试验中已得到证实。

有一所中学想将智商高的学生分到快班，智商低的学生分到慢班。于是，学校想通过计算机程序测出智商的高低。巧合的是，计算机软件程序出了问题，将智商高的学生分到了慢班，将智商低的学生分到了快班。谁也没有发现这个测试结果是错误的，就这样分班上课了。

五个月后，校长终于发现计算机的程序错了。这样一来，只能再测一次。这一测，结果令人大吃一惊：之前分到快班的学生，原来智商很低，现在智商大幅度提高，而且学习成绩也很好；之前分到慢班的学生，原来智商很高，现在智商有所降低，而且学习成绩也不理想。

校长大为不解：为什么会出现这种情况呢？

于是校长去询问任课老师："上课时，有没有发现什么问题？"慢班的任课老师说："当时我们发现，被分到慢班的学生都无精打采，学习兴致不高，成绩也渐渐下滑。但是我们想，反正这些学生智商都不高，学习不好也很自然。"而快班的任课老师说："开始上课时，所有老师都觉得这些学生接受能力较差。但是，计算机测出结果是这些孩子的智商都很高。我们想，计算机是不会出错的，那肯定是我们的教学方法有问题，所以就改进教学方法。"

老师的看法，给了学生极强的肯定，让学生对自我的想象得到前所未有的提高，从而表现出贴近自己想象的样子。如果老师从内心觉得这些只不过是智商比较低的孩子，即使我怎么努力教学，他们也不会获得提高。那么，在老师的言行和表情中就会不自觉地流露出这种情绪。学生每天都接受这种失败信号的暗示，这种信号就会进入学生的潜意识，最后学生就会将自己想象成一个不学无术、笨头笨脑的人，那么自然也就会在行动中表现出这个样子。可见，对自己积极的想象，能产生积极的心态；而消极的想象，会让人产生自卑心理，从而导致消极的行为。

放不下，你就活得不开心

"无所住"就是空，是要空掉一切不合理的成见、情绪和对善恶、爱憎的执着。"无所住而生其心"，可被解释为清心，因为清

心的人总是那样单纯，那样宽容，那样诚心，那样恬淡从容。

在现实社会中，学会“放下”可以使心灵获得解脱，让自己活得洒脱。生活经历丰富的人都了解，“放下”绝不是容易做到的事情。世间的人一旦有了功名，就会对功名放不下；有了金钱，就会对金钱放不下；有了爱情，就会对爱情放不下；有了事业，就会对事业放不下。这些与日俱增的身心重担与压力，会使人活得十分辛苦。尽管我们没办法要求自己看空一切，放下一切，却能够做到在被生活摆布得心烦意乱之时，让自己明白，还有放下这条退路，让我们得以放松。

心灵的快乐自主是生活的磐石，它是思考醒悟的结果。禅宗思想的最高境界——“无所住而生其心”体现了放下的真意。这本是《金刚经》中的一句话，被六祖慧能发扬光大。六祖在还没有出家之前，是一个一字不识的卖柴村夫。有一天他在市镇上卖柴听到有人在念《金刚经》，当听到经文中的那句“无所住而生其心”时，恍然大悟。

随后他决定去参访禅宗第五代祖师弘忍，他在弘忍的门下不到一年，便得以继承他的衣钵。所以禅宗在六祖慧能之后，便开始以《金刚经》印心，领悟出这个“无住”的自由心法。

“无所住”就是空，是要空掉一切不合理的成见、情绪和对善恶、爱憎的执着。“无所住而生其心”，可被解释为清心，因为清心的人总是那样单纯，那样宽容，那样诚心，那样恬淡从容。

有个年轻人，在从家到禅院的路上看到了一个十分有趣的事情，就一心想着去考考老禅师。来到禅院之后，年轻人与老禅师一边品茶，一边闲谈，他冷不防地突然问了一句：“什么是团团转?”

“皆因绳未断。”老禅师随口回答。

年轻人听了，顿时目瞪口呆。老禅师不解地问：“你为什么这么惊讶啊？”

年轻人说：“您怎么知道答案的呢？今天在我来禅院的路上，看到一头牛被绳子穿了鼻子，拴在树上，这头牛想离开这棵树，到草地上去吃草，谁知它转过来转过去都不得脱身。我想您没有看见，肯定答不出来，哪知师父出口就答对了。”

老禅师微笑着说：“你问的是事，我答的是理，你问的是牛被绳缚而不得解脱，我答的是心被俗务纠缠如何解脱。为了钱，人们团团转；为了权，人们团团转；为了欲，人们团团转；为了名，人们团团转。这世间的诱惑与牵挂都是绳。人生三千烦恼丝，斩断才能自在啊。”

放不下，便很难快乐，而放下，却又太难。有些人事物，真的在我们心里占有很重要的地位。当面对失去时，我们难免会生气、难过、伤心、忧郁，仿佛不这样就无法寄托悲伤的情感。所以大多数时候，我们留恋于不快乐的感情，就像沉迷于还没有失去的幻象中。然而，在智者的眼中，世间万物都只不过是自己生命中的过客。而自己，又何尝不是宇宙中的匆匆过客呢？

明云禅师曾在终南山中修行达三十年之久。他平静淡泊，志趣高雅，不但喜欢参禅悟道，还喜爱花草树木，尤其喜爱兰花。寺院中，到处都栽满了各种各样的兰花，这些兰花是老禅师年复一年从各地搜罗来的，有的还非常名贵。平日里，他除了讲经说法，就是去看他那心爱的兰花。大家都说，兰花就是明云禅师的命根子。

这天，明云禅师有事要下山，临行前他叮嘱弟子要照看好兰花。弟子们也都认认真真地浇水。可是，偏偏在给最珍贵的一盆兰花浇水时，水壶滑下来砸在了花盆上，整盆兰花都摔在了地上。小和尚吓坏了，心想：师父回来看到这番景象，肯定会大发雷霆！他越想越害怕。

下午明云禅师回来了，他知道了这件事情非但一点都不生气，反而平心静气地安慰弟子道："我之所以栽种兰花，为的就是修身养性，也是为了美化寺院的环境，并不是为了生气啊！世间之事一切都是无常的，不要执着于心爱的事物而难以割舍，那不是修禅者的秉性。"

弟子听了这番话，不禁对师父敬佩不已，从此更加认真地修行。

明云禅师说的那句"不为生气才种花"，听起来平平淡淡，却能帮我们看到生活的过程中很多让人走不出、放不下的迷雾。我们生活在这个世界上，最难做到的无疑就是放下，自己喜爱的固然放不下，自己不喜爱的也放不下。因此，爱憎之念常常霸占了我们的心房，哪里能快乐自主？

另一位大师智尚禅师说："一个人要拿得起，放得下。而在付诸行动时，拿得起容易，放得下却很难。"在《红楼梦》中，有一首《好了歌》说道"好便是了，了便是好"。不了便不好，不放下，便不会快乐。

情能否放得下？人世间最说不清道不明的就是一个情字。凡是陷入感情纠葛的人，往往会理智失控，剪不断，理还乱。

财能否放得下？李白在《将进酒》诗中说："天生我材必有用，千金散尽还复来。"

名能否放得下？高智商、思维型的人，患心理障碍的概率相对较高。原因就在于他们一般都喜欢争强好胜，对名看得比较重。

忧愁能否放得下？现实生活中令人忧愁的事情实在太多了，就像宋朝女词人李清照所说的："才下眉头，却上心头。"

生活中处处充满了纷争和忧愁，也许我们无法做到像哲人一样的洒脱，无法做到佛学大师那样的理智，却能在无法开解心境时，给自己的心灵一个出路。“宠辱不惊，看庭前花开花落，去留无意，望天上云卷云舒。”让我们一起来学会“放得下”，以此来增强我们的心理弹性，享受“放得下”带来的喜悦。

学会冥想，让痛苦的事走出记忆

杨安疗愈 你会愤怒是因为你受伤了，你为什么会受伤？因为有自我重要感遭到了破坏。我们不断为自己设定各种各样的形象，当这个自我形象受到攻击，而且我们固执地保持这个看法，心中就会生起愤怒。

痛苦是哀伤、不确定感或是一种彻底孤立的感觉。我们会因为死亡、得不到赞美或是不被爱而感到痛苦。痛苦有各种不同的形式，若是不了解痛苦，心中的冲突、不幸、腐化或衰败就不可能止息下来。

首先我们要想一想，我们为什么会痛苦。

有的时候，我们的内心充满着挣扎、虚荣、琐碎的念头和痛苦的情绪，我们的周围堆满了毫无意义的东西，我们是不快乐的一群人。

有的时候，我们的生命中少了很多东西，和别人相比，我们没有的太多了，因此痛苦。

有的时候，我们虽然有渊博的知识，我们虽然有钱、有汽车，有许多丰富的经验，住的是豪宅，而且多子多孙，却仍然不快乐。就因为我们不快乐，所以才会被那些承诺快乐愿景的人——政治、经济或宗教上的领袖所操控。或者借由胡思乱想、娱乐活动等肤浅的事情来逃避它。我们做尽了这一类的事，但还是无法摆脱那些明显的痛苦。

有的痛苦你可以意识得到，有的却根本意识不到。比如，由于自我意象的存在而导致的痛苦。

当我们产生愤怒、忌妒、羡慕或怨恨之类的烦恼时，若是能深入这些情绪，就能找到痛苦的源头。你会愤怒是因为你受伤了。你为什么会受伤？因为有自我重要感遭到了破坏。可是你为什么会有自我重要感？

在生活中，我们不断为自己设定各种各样的形象。这些形象，可能由于我们从未真的研究过自己，因此并不是真实的自我意象。我们总认为自己应该符合某种理想，比如，将自己想象成占有真理的人。当这个自我形象受到攻击，而且我们固执地保持这个看法时，心中就会生起愤怒。当然，在不同的时刻，我们有其他多种自我意象。正是对自己的真相的这种逃避，不断为自己带来了痛苦。

例如，一个说谎的人被别人揭穿了。这时此人如果承认自己在说谎，就不会认为自己受到了伤害。但此人如果假装自己没有在说谎，自然会因为别人的指责而感到愤怒。由此可见，我们总是活在由观念所建构的世界里，却从未活在实相里。若想观察到实相是什么，就不能有批判、衡量、意见或恐惧。如果能观察到自己的真相，就没有人能伤害到你了。

同样的，若想出离痛苦，你的心必须清晰单纯。想要在如此复杂的社会中维系单纯并不是一件简单的事，你必须具备高度的智慧和敏感度才行。

当我们了解了痛苦，也就能够接近快乐了。如果我们懂得如何倾听痛苦，就会了解什么是快乐。那么，痛苦的反面——快乐是什么？

有人认为，快乐就是得到自己想要的东西，譬如想要一辆车，终于得到了它，于是感觉很开心；或是想要一件衣服或是想去欧洲玩，当这些事都办到了，你就会高兴；如果办不到的话，就会郁郁不乐。我们总是通过东西、关系、思想和概念等来追求快乐，因此这些事物就变得比快乐更重要了。我们总是通过财物、家人及名望来追求快乐，然后财物、家人及名望就变得比快乐更重要了。

其实，快乐是不需要媒介的。若是借由某种手段来达成快乐，这个手段本身会摧毁它的目标。快乐可以借由我们的头脑和双手而达成吗？凡是会消失的东西都不能带来恒久的快乐，凡是会结束的东西都只是一种暂时的感觉罢了。东西、关系和概念显然都是无常的，它们只会令我们不快乐……东西总有一天会毁坏，会消失；关系不断地在产生摩擦，终有一天它也会结束；概念和信念也都没有永恒性。我们在这些东西里面寻找快乐，浑然不觉它们都是无常的，因此痛苦才会永远伴随着我们。

然而，快乐到底是不是我们可以意识到的一种东西？当你意识到自己的快乐时，那种感觉就是快乐吗？还是一旦意识到自己快乐，就不快乐了？当你觉知到自己在快乐时，快乐还存在吗？

若想发现快乐的真谛，就必须从探索自我意象入手。自我认识是没有尽头的。

想通过外在的物质找到快乐的源头是行不通的。只有投入自我认识的洪流里，才会找到快乐。我们可以不断地变换自己的享受方式，不断地从某种精致的思想转换到另一种，但核心从未改变过，那个“我”永远在那里——其中总有一个“我”在那里享受，追求快乐，不断地挣扎。即使像陀螺一样团团转，也从不想停止自己的活动。只有当这个“我”的所有细微活动止息之后，才能出现无法求得的至乐——不会被外界环境影响的喜悦。

当心超越自我中心的思维活动时，经验者、观察者和思想者就消失了，就会发现至真至纯的快乐。若是能了解自己和周围发生的一切，而不去论断对错，那么富有创造性的快乐就会出现。这种快乐就像明亮、温暖的阳光一般，不会被任何人占为己有，而是能够公允地照射到每一个人身上。同样的，如果为了逃避痛苦而追求快乐，因为失去了某个人或一事无成而追求快乐，那么你的追求就是一种反应，而不是纯粹的快乐本身，这种快乐当然无法长久，也无法成为掩盖痛苦的衣服。

放下自我，畅游在本我的真实世界

杨安疗愈　寻找真实本我的过程，也可以说是不断克服人性弱点的过程。从心性上做到“离妄归真，回归自性”，就可做到一切自然，了却烦恼，最后做到放下执着与妄想。

尘世间，我们常有诸般忧愁、痛苦、恐惧，缘于我们不能看到自己的本我的真实面貌。说明心见性之时，才能见“道”。见道后还需修道，又可以说为“入道之门”，也就是“离妄归真”。“离妄归真”用非常通俗的语言说就是“放下”。时刻保持自己的真如觉性，以使自己“知幻即离，回归本我”。

远离虚妄，就是放下。对于放下，很多人都有误解，认为是放下外在的一切，实则不然。我们需要放下什么呢？放下不是放下外在的法相，不是离开外在的法相，而是放下心的“妄想分别和执着”。放下心对外境和自我的“妄想、分别、执着”，而不是外在的虚妄之法；“放下”的目的是“离妄归真”。“离妄归真”说的是心的离妄归真，也就是心离开“妄想、分别、执着”，回归本我真实的觉知、神性。只有将自我放在外在的环境中，才能真正做到回归本我。如果靠离开外在的法相，是不能真正做到心的回归自性的，最多只能得到暂时的宁静而已，而这种宁静也是有条件的宁静，并非真正的宁静，并非本我自性的实相。

因此，“放下、远离外在的一切”，并不能让本我浮现。放下源于“自我”的“法”，才能得享清净。

好坏善恶、贪嗔痴淫等看法与做法、评判之法以及种种外在的法相，都是我们个人的虚妄分别而已。例如：我们吃的某些特色美食，在西方人看来，简直难以入口。

所有外在的法相皆不是实相，我们需要放下的不是外在的法相，而是内心的“妄想、分别、执着”。唯有如此，才能洞见本我的真实内心。

何为妄想呢？一切想皆是妄想。想，即是思维。思考让人类进步，但是也有很多思维没有现实的意义和目的。想前面的“妄”字就说明了它的无意义性。所以，本我的真实世界清澄而宁静。只要起心动念就是妄想；无论是妄心还是妄念，都源于妄想（即思维）。妄想是一切苦楚的起因，要做到“无思无虑”，就必须从内心中彻底放下一切。也就是对一切不去想它，不去思维。不想过去和未来，只管专心做好当下在做事。修行之时，也不去想，也要放下一切思维。

何为分别？在思维之后，必然会生出种种对法相的评判，这就生出了分别。也就是说，我们思维是建立在假象之上的，而思维的结果就是对法相的评判，这就是“分别”。凡是见相即是分别，一切法相即是分别，如善恶、好坏、是非、地狱天堂、人我众生、善恶好坏、烦恼喜悦等皆是分别。要想消除分别，需要放下，从自我而发看到一切法相。

何为执着？法相生起，即是分别，“心著于法相为真实”即“认妄为真”是为“执着”；执着分为我执和法执；因执着故，而生种种“烦恼”，最基本的是“贪、嗔、痴、慢、疑、邪见”六种烦恼习性和生老病死、求不得、怨憎会、爱别离、五阴炽盛、三界轮回、地狱饿鬼等无量苦恼。

由此可以形成这样的逻辑：因妄想（即思维）而生起分别（即生起种种对法相的认知），因“认妄为真”而生“执着”。无端而生的“妄想”

是因“无明”和“妄想”而起。只有破除“无明”，才能彻底断除“妄想”与“执着”。

无论是妄想、分别还是执着，其根源是无明。因无明而无端生起妄想（即思维、起心动念），因妄想而起分别，因分别和愚痴（即无知无明）而生执着（即认为这种种法相名相是真实存在的，也即“认妄为真”）。

无明是根源，妄想是缘起，因此要消除妄想、分别、执着，就必须跳出自我的无明，认识本我心性的根本真相（即见道）；见道之后，再进一步从心性上做到“离妄归真，回归自性”，就可做到一切自然，了却烦恼，最后做到放下执着与妄想。

综上所述，所谓的放下，是从心上离开对法相的“妄想、分别、执着”，而不是离开法相事件本身，因此放下是“心性上的放下，而不是事相上的放弃”，而心性的放下，与外在的事相毫无关系，如果不明白这点，就不是真正的入道之门；而是偏离了道，在虚妄的事相上做文章，怎么能回归自性呢？因为本我自性就是道。

现在我们已经明白了要放下什么，可是，如何做到放下呢？

彻底放下的前提是参破本我，也即达到体悟的层次。我们之所以放不下，多半是因为未能彻悟。这里所说的彻悟，是心性的真正体悟，而不单单是从道理上的见地。从见地到体悟，有时候需要事相的磨炼，所谓“不经一番寒彻骨，哪得梅花扑鼻香”，但对于一些根基大的修道之人，仅仅通过一句话或一个故事，即能做到当下体悟，而对于一般根基的修道者，也许要经过亲自发生在自己身上几件大事的磨难历练，才能真正体悟某方面的道。此即所谓“纸上得来终觉浅，绝知此事要躬行”。

比如，某个人喜欢杀狗吃狗肉，别人劝他不要如此，将来会有因果报应。可是他不把这句话当回事，直到有一天他得了怪病，痛苦万分，无法治好，才真正体悟到因果报应是真的。此时的他对因果报应和积累功德的体悟，比起没有体悟的人要深刻得多。见道之后，还要于一切事项上体证道的妙用，如此才能真正地做到彻底放下，完完全全地做到无思无虑，如此方为真正的入道，真正的大彻大悟和放下。

因此，在我们身边呈现的一切事物，皆是帮助我们回归本性的缘分，只是很多人不能明白这个道理。如果我们能善用这些缘分，就能做到轻松放下，及时反思自己身上发生的事件及时反省，并力争做到举一反三。

经过对人类心性特点的分析可知，寻找真实本我的过程，也可以说是不断克服人性弱点的过程。我们的妄性形成和消除都有一个周期的特点，这个周期一般也不是很长，比如爱抽烟的人，只要克服那个时间段，之后就会发现自己不再对烟有很强的依赖了。如果能做到保持，则不久就可以完全断除抽烟习性。

所有发生的事情，所有出现在我们眼前的事物，不论是我们自认为的好事还是坏事，皆是助成我们回归本性的缘分。如果我们能明白这点，就应及时反省，及时回头，不要到逆境之时方才悔悟，始知回头是岸。所谓“一言一行修自己，一点一滴修自己”，当于一切事上参透觉悟，放下自我的成见，找到本我。

改变内心的体验等于改变世界

杨安疗愈 改变你的“自我意象”不仅仅意味着改变自己或者改善自己，还意味着改变对“自我”心理图像的估价、观念和认识。发展一个适当的、现实的自我意象，会带来惊人的后果。

我们总是习惯根据外界对自己的反馈给自己下定义。比如，因为失败，我们会失去自信。自信建立在成功的经验之上。当我们做一件事情的时候，若没有取得成功的经验，就会缺乏信心。而一旦有了成功的经验，自信就会促使我们获得更多的成功。也就是说，成功孕育成功。一次小的成功可以成为巨大成功的基石。

这种“成功机制”会促使人们一步步走向更大的成功。可是，大多数人往往只记住了过去的失败、忘掉了过去的成功，从而摧毁了自信。

因为失败伴随着我们的，不仅是“未达成”这样的结果，还有种种让人印象深刻的负面情绪。我们谴责自己，怀着羞辱与懊悔的极端的自我中心主义感情，在心中痛骂自己，于是自信就无影无踪了。

不要让失败操控我们面对未来的态度，并不意味着我们要无视失败。实际上，从某个角度来讲，失败和成功对我们的意义同样重要。我们需要汲取、强化和专注于隐藏在失败中的成功。爱迪生经历过无数次“失败”才找到了适合做灯丝的材料，他说过：“我从来没有失败过，而是一万次成功地找到了不适合做灯丝的材料，第一万零一次才成功地找到更适合做灯丝的材料。”几乎所有的科学家都会在成功之前经历数不清的失败，而且不因为这些失败而损伤对自我的信任。

在失败时保持自信尤为重要，无论如何，我们要学会“信任自己”。

我们可以从体验小的成功开始获得自信。例如，可以先让自己做些力所能及的事情，安排小规模的成功。在开始实施一项新任务时，要回想过去成功经历中的感受，不管那成功多么微不足道。对于大多数人来说，成功是遥远前方的一块诱饵，虽然不真实，却能给自己带来极大的动力。这种自信的感受能够极大地改善对自我能力的认知，让过去的自我成为不一样的自己。

另外，除了记住过去的成功，还可以养成从失败中调整方向和行动的习惯。生动地回忆过去勇敢的时刻是恢复自信最有效的方法。生活中几乎任何活动都不太可能一次成功，而是通过不断尝试，获得经验，才能获得成功。比如打篮球、练习射击等，我们可以通过一遍又一遍的训练改进技巧而推动最终的成果。当然，训练的价值并不在于动作的机械“重复”，而是在反复的操作中得到技巧的改进。否则，我们所学到的应该是我们的“失误”。那么，我们经历的将是不断地失败，而不是成功。

很多时候，失败与成功的分界线，不仅仅在于坚定的信心，还在于内心的自我定位。大量事实表明，只有一个人在某种程度上“承认自我”的时候，他才能得到真正的成功和幸福。

尽管我们不想承认，却又不得不承认，自己有的时候十分不接受真实自己的一部分，或自己在某个时刻的特征，如悲伤、软弱、失败。出于面子或者其他方面的考虑，我们常常将这样的自己隐藏起来。世界上最不幸、最痛苦的人莫过于那些尽力要使自己和别人相信，自己不应该是本来这副样子。

成功往往会避开那些要成为“其他人”的人。而一个人愿意放松情绪、充满自信地“成为自己”时，成功几乎是自动地降临到他头上。因为，当一个人抛弃所谓的“成功的样子”“他人的样子”时，他得到的轻松与满足是无可比拟的。只有在此时，才能找到真正的自己，找到属于自己的成功。要知道，每个人的成功都是在发挥自身特点的基础上的。

改变你的“自我意象”不仅仅意味着改变自己或者改善自己，还意味着改变对“自我”心理图像的估价、观念和认识。发展一个适当的、现实的自我意象，会带来惊人的后果。只有找到实际自我的真实图像，才能凭借这幅图像来充分发挥现有的自我。你就是你本人，不在于你失败多少次，不在于你赚了一百万美元，也不在于你的各种恶习。

不得不说，很多人在内心的自我意象是和真实的自我有较大差别的。有些人的自我意象弱于真实的能力，这样就会产生自卑；有些人的自我意象强于真实的能力，这样就会产生自负；有些人的自我意象和真实的实力有偏差，这样就无法发挥出自我最优的资源。其实，从理论上说，每个人都有相当大的潜力，我们绝大部分人现在就比自己所认识的更美好、更聪明、更强大、更有能力。创造一个更佳的自我意象并不是创造了新的能力、才能、力量，而只是解除对自我能量的束缚，使它们发挥作用。

除此之外，我们还要充分认识到“个性”在改造世界中的重要作用。个性是内心对自我特征加以肯定的外在表现。

俗话说“活到老，学到老”，这个学习就包括了对自我的认知和发现。不可否认，我们永远都需要完善。面对自我的不完美，我们可以改变个性的某些部分，但不能改变基本的自我。个性是“自我”的一个工具、一个出路、一种外在的表现，供我们在处世时使用。也是我们的习性、态度、知识技巧的总和，是我们用来表现自己的一种方法。

个性即“自我的外在表现”，它并不是十全十美的，永远都有进步的可能。每一次在内心中找到丰富的个性层次，就会获得更多改造周围环境的力量。也就是说，我们永远可以学到更多的东西，做得更好，表现得更佳。实际自我必然是不完美的，它不是静止的而是运动的，它永远不会完整和终结，而只是处于一种发展状态。

“接受自我”还意味着接受我们的现状，包括错误、弱点、缺点、失误，也包括目前的财产和力量。

很多人不愿意承认自己的缺点、错误，在内心千方百计地回避、否认自我的这些特征。因为在他们心中有这样一个逻辑：错误和自己是等同的。如果承认了，就等于承认“我”就是一个错误，别人就会瞧不起我。其实，并不是这样的：一个人或许会犯错误，但这不是说你就是一个错误。你也许并没有达到自己想象的那样，但这不意味着你自己“不够好”。

接受现实的自我，并且以此为起点。学会在感情上、现实生活中容忍自己的不完美之处，必须从思想上承认自己的缺点和弱点，既不因为这些外界导致的和缺点而憎恨自己，也不自暴自弃、抱残守缺。因为我是我，我的缺点是我的缺点。我愿意改正我的缺点，然而我不会因为我的错误或弱点变得没有价值。就像打字机打错了一个字、小提琴发出一些不和谐的音响并不影响它们的价值一样，我们每一个人和其他人一样，都要学会和自己的不完美相处，并且走在不断接近完美的路上。

就好像只有你知道自己不会什么，才能最终学会什么；变得强大的第一步是认清你的弱点所在。心理学中有一种观点是：认识是疗愈的开始。我们内心的感受往往可以左右自己对周围世界的认知，找到真实的自己，就是获得成功幸福的开始，谢谢!!